建筑巧匠治通病

张榜年　编著

中国建筑工业出版社

图书在版编目（CIP）数据

建筑巧匠治通病/张榜年编著. —北京：中国建筑工业出版社，2013.1
ISBN 978-7-112-15242-1

Ⅰ.①建… Ⅱ.①张… Ⅲ.①建筑工程-工程施工 Ⅳ.①TU7

中国版本图书馆 CIP 数据核字（2013）第 051295 号

建筑巧匠治通病

张榜年 编著

*

中国建筑工业出版社出版、发行（北京西郊百万庄）
各地新华书店、建筑书店经销
霸州市顺浩图文科技发展有限公司制版
北京市安泰印刷厂印刷

*

开本：850×1168 毫米 1/32 印张：8⅛ 字数：218 千字
2013 年 5 月第一版 2013 年 5 月第一次印刷
定价：**24.00** 元
ISBN 978-7-112-15242-1
（23317）

本书着重介绍了建筑工程施工各专业工种能工巧匠们在施工过程中对质量通病的治理方法。内容涉及地基与基础局部处理、主体施工、装饰装修、防水施工以及水电安装等。本书特色突出，虽不求系统全面，但力求实用、可操作性强。该书内容丰富，资料翔实，深入浅出，通俗易懂。

本书可供从事土木工程施工、质检、管理的工程技术人员及工人学习参考，也可作为大中专院校专业教学辅助用书。

*　*　*

责任编辑：郦锁林
责任设计：赵明霞
责任校对：刘梦然　党　蕾

前　言

我在建筑施工现场工作了几十年，整天与能工巧匠们打交道，近几年又在当地建筑中专学校兼职讲授专业课。也许是工作的需要，经过数年坚持不懈地收集、整理和总结，现已在治理工程质量通病操作技巧和手段方面积累了丰富的素材。我的学生和年轻同仁们闻之欣喜，问我："何不打印成册，惠及同仁学子？"由此，我便萌生了编辑出版的愿望。在大量素材和多年教学笔记的基础上，我又经过认真甄别，严格筛选，将资料汇集成书。

本书的重点是介绍如何治理质量通病。对于通病产生的原因阐述很少，只是点到为止，同时也没有过多地阐述预防措施。或许有读者会问，处理问题哪有不去分析产生原因，而只讲治理方法的呢，这不是本末倒置了吗？对此，本书内容也可起到抛砖引玉的作用，读者可以就此顺藤摸瓜，去追溯分析原因，找出问题症结所在，再寻求治理方法。本书涉及的大多是比较常见且简单的质量通病，就是在阐述出现通病后怎么处理，目的是拿来即可用，用之有效，且事半功倍。书中内容力求新颖、先进、科学和具有可操作性，有些经典事例是从实践中来，被拿到课堂上，又通过学生们回到工作实践当中，事例本身已发生了质的飞跃，具有一定的普遍指导意义。

本书在编写过程中，得到相关专业的许多工程技术人员的指导和帮助，我的同仁们也提出过很好的意见，而我的学生石顺发、郝丹、牛丽佳等帮我做了很多事务性工作，借此表示衷心的感谢。由于时间仓促，本人水平有限，书中难免存在很多问题和不足，恳请专家、学者及广大读者给予批评指正。

目　　录

第一章　土方开挖、回填工程

1. 场地平整后有积水怎么处理？

现象：在建筑场地平整过程中或平整完工后，场地范围内出现大面积或局部积水。

治理方法：已积水的场地应立即检查截水和排水设施，并采取相应措施将水排除。泄水坡度过小和低洼处待水排除后，应重新填土碾压至符合要求，以避免再次积水。

2. 基坑（槽）浸水怎么办？

现象：基坑（槽）开挖时被水淹没，或直接在地下水位以下挖土，使土体浸水，受到扰动，由固体变成流体，造成施工困难，影响地基质量。

治理方法：

（1）已被水浸的基坑（槽），要立即检查排水（或降水）设施，并采取措施消除故障，将水排净，如图 1-1 所示；

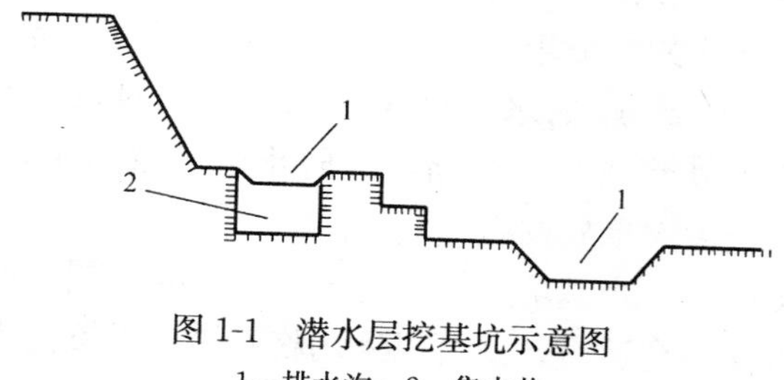

图 1-1　潜水层挖基坑示意图

1—排水沟；2—集水井

（2）已设置截水沟而仍有小股水冲刷边坡时，可将边坡挖成阶梯形；

(3) 已被扰动的土体可根据具体情况，采取晾晒、换土（或灰土）夯实或加深基础等措施处理。

3. 对可能出现的浅层滑坡怎么办?

治理方法：如滑坡土方量不大，最好将浅层滑坡体全部挖除；如土方量很大不能全部挖除，且表层破碎含有滑坡夹层时，可对滑坡体采取深翻、推压、打乱滑坡夹层，表面压实等措施，以减少滑坡因素。

4. 基坑放坡开挖一般事故如何处理?

处理方法：

(1) 边坡坡度改缓法：当边坡出现局部塌方时，如果周围场地较宽阔，可以将边坡坡度改缓，防止出现更大范围的塌方；

(2) 坡顶卸载法：采用坡顶卸载，可以减少坡顶作用，降低滑动力矩，使危险边坡的安全系数有所提高；

(3) 边坡加固法：当基坑开挖深度较大，而边坡四周场地较拥挤时，可以采用对滑动范围内的土体进行加固的方法，如注浆法、深层法。加固以后土体的抗剪强度将有所提高，并可以防止水在土中的渗流；

(4) 坡面、坡顶保护法：水是造成边坡事故的重要因素，所以处理由水造成的边坡事故时，可以在坡面覆上一层塑料薄膜，或抹上 10～20mm 厚的水泥砂浆。当坡顶出现较大的裂缝时，应及时用水泥砂浆或黏土填堵，可防止雨水或施工用水渗入土中，以免造成更大事故发生；

(5) 支挡法：当基坑边坡出现滑动，而受周围场地限制，采用改缓坡度法不合适时，则可以采用临时措施设置挡土设施，保证基坑边坡安全；

(6) 降水法：基坑开挖出现流砂时，应立即停止开挖，采取井点降水法，减少动水压力，增加土层稳定性。当基坑底下有薄的不透水层，而其下为承压水时，采用井点降水，降低承压水的水位，使承压水面上的压力小于其上土层自重。

5. 土层锚杆灌浆料泌水、干缩怎么办？

防控措施：

灌浆是土层锚杆施工中的一道关键工序，必须认真进行，并做好记录。

具体做法：

（1）灌浆材料多用纯水泥浆，水灰比为 0.4～0.45。为防止泌水、干缩，可掺加 0.3％的木质素磺酸钙；

（2）灌浆亦可采用砂浆，灰砂比为 1∶1 或 1∶0.5（重量比），水灰比为 0.4～0.5；

（3）砂用中砂，并过筛，如需早强，可掺加相当于水泥用量 0.03％的三乙醇胺。水泥砂浆的抗压强度应大于 25MPa，塑性流动时间应在 22s 以下，可用时间为 30～60min。整个浇筑过程须在 4min 内结束；

（4）灌浆压力一般不得低于 0.4MPa，也不宜大于 2MPa，宜采用封闭式压力灌浆和二次灌浆，可有效提高锚杆抗拔力（20％左右）。

6. 基坑回填土沉陷怎么办？

现象：基坑填土沉陷，造成室外散水空鼓下沉，建筑物基础积水，甚至导致建筑物结构下沉。

治理方法：

（1）基槽回填土沉陷造成的散水空鼓，如果面层尚未破坏，可采用高压泵压入水泥砂浆填充；若面层已有沉陷裂缝，则应根据面积大小决定局部或全部返工。局部返工可用小型电动砂轮锯沿空鼓边缘切割开，填灰土夯实，再做面层；

（2）若引起结构下沉时应会同设计部门针对情况采用加固措施。

7. 基础墙体被回填土挤动怎么修?

现象: 夯填土方挤动基础墙体，造成墙体松散，墙体轴线偏移，严重影响结构受力性能。

治理方法: 已造成墙体开裂、松散、轴线偏移等严重影响结构受力性能的质量事故，要会同设计部门，针对具体情况，采取加固措施进行处理或将墙体拆除重砌。

第二章　井点降水工程

1. 轻型井点降水局部异常怎么办？

现象：基坑局部边坡有流砂堆积或出现滑裂险情。

治理方法：

（1）封堵地表裂缝，把地表水引往离基坑较远处，找出水源予以处理，必要时用水泥灌浆等措施填塞地下孔洞裂隙；

（2）在失稳边坡一侧，增设抽水机组，以分担部分井点管，提高这一段井点管的抽吸能力；

（3）在有滑裂险情的边坡进行卸载，防止险情加剧造成井点严重位移而产生的恶性循环。

2. 喷射井点一般故障怎么治理？

现象：

（1）井点倒灌水，井点周围有翻砂冒水现象；

（2）工作水压力升不高，致使井点真空度很小；

（3）井点回水连接短管爆裂；

（4）循环水池水位不断下降。

治理方法：

（1）发现井点倒灌水，应立即关闭该井点并查清倒灌水原因及时做处理；

（2）水泵流量不足时应增开水泵，清理循环水池中的沉积泥砂，并在维持井点连续降水的条件下进行，同时查明泥砂大量沉积的原因。如系个别井点引起，发现水质始终浑浊，必须停止使用；

（3）短管爆裂时，应立即关闭该井点，换上泵房内备用的回水连接短管，然后按程序开启井点；

（4）循环水池开裂漏水时，应对水池进行加固和堵漏，必要时改用循环水箱。如果循环水池水位下降系工作水循环水管路系统或井点倒灌水引起的，应根据具体情况采取措施进行处理。

3. 深井井点地下水位降不下去怎么办?

现象：深井泵（或深井潜水泵）排水能力有余，但井的实际出水量很少，因而地下水位降不下去。

治理方法：

（1）重新洗井要求达到水清砂净，出水量正常；

（2）在适当位置补打井点。

4. 地下水位降深不足怎么办?

现象：

（1）观测孔水位未降低到设计要求；

（2）基坑内涌水、冒砂，施工困难。

治理方法：

（1）在降水深度不够部位，增设井点根数；

（2）在单井最大集水能力的许可范围内，可更换排水能力较大的深井泵（或深井潜水泵）；

（3）洗井不合格时应重新洗，以提高单井滤管的集水能力。

第三章　地基处理工程

1. 桩间土如何保护？

保护措施：

（1）为了避免扰动桩间地基土，桩顶标高以上宜预留 300～500mm 厚的保护层；雨后钻机下应铺设方木，避免扰动地基土；设计桩顶标高以上预留 50～100mm 厚土层，待验槽合格后，方可人工开挖至设计桩顶标高；

（2）保护层和桩头清除至设计标高后，应尽快进行褥垫层的施工，以防桩间土被扰动；

（3）冬期施工时，保护层和桩头清除至设计标高后，立即对桩间土和 CFG 桩采用草帘、草袋等保温材料进行覆盖，防止桩间土冻胀而造成桩体拉断，同时防止桩间土受冻后复合地基承载力降低。

2. 土方工程遇有冲沟如何处理？

现象：暴雨冲刷剥蚀坡面，先在低洼处蚀成小穴，逐渐扩大成浅沟之后进一步冲刷，成为冲沟。

治理方法：

（1）对边坡上不深的冲沟，可用好土或 3∶7（体积比）灰土逐层回填夯实，或用砂浆砌块石填砌至与坡面平，并在坡顶做排水沟及反水坡，以阻截地表水冲刷坡面；

（2）对地面冲沟，可采用土分层夯填，若因其土质结构松散，承载力低，可采取加宽基础的处理方法。

3. 土方工程遇有土洞如何处理？

现象：黄土层或岩溶地层，受地表水的冲蚀或地下水的潜蚀形成土洞，漏水洞往往十分发育，常成为排泄地表径流的暗道，影响边坡或场地的稳定，必须进行处理，避免继续扩大，造成边坡坍塌或地基塌陷。

治理方法：

（1）将土洞上部挖开，清除软土，分层回填好土（灰土或砂卵石）夯实，面层用黏土夯填并使之比周围地表高些，同时作好地表水的截流，将地表径流引到附近排水沟中；

（2）对地下水可采用截流改道的办法；地基中如遇有土洞，宜用砂、砾石、片石或混凝土填灌密实，或用灌浆挤压法加固。

4. 土方工程遇有古河道，古湖泊如何处理？

现象：古河道、古湖泊均是在天然地貌低洼处受长期积水、泥砂沉积作用而形成的，其土层由黏性土、细砂、粗砂、卵石和角砾所构成。

治理方法：

（1）对于这些土质如果土的承载力不低于相接天然土的，可不做处理；

（2）如沉积物填充密实，承载力不低于同一地区的天然土，亦可不做处理；

（3）如为松软含水量大的，土应挖除后用好土夯实，或采用地基加固措施；

（4）如用作地基的部位可采用灰土分层夯实，与河、湖泊边坡接触部做成阶梯形接槎，阶宽不小于1m，接槎处要仔细夯实，回填应按先深后浅的顺序进行。

5. 土方工程遇有流砂怎么治理？

现象：

（1）当基坑（槽）开挖深度超过地下水位线以下0.5m，采取坑内抽水时，坑（槽）底下面的土出现流动并随地下水一起涌进坑内，且边挖边冒，无法继续开挖的现象称为“流砂”。

（2）发生流砂时，土完全失去承载力，不但施工条件恶化，而且流砂严重时，会引起基础边坡塌方，附近建筑物也会因地基被掏空而下沉、倾斜，甚至倒塌。

流砂处理原理是“减小或平衡水压力”或“使动水压力向下”，让坑底土粒稳定不受水压干扰。

治理方法：

（1）安排在全年最低水位季节施工，使基坑内动水压减小；

（2）采取水下挖土（不抽水或少抽水），使坑内水压与坑外地下水压相平衡或缩小水头差；

（3）采用井点降水，将水位降至基坑底 0.5m 以下，使动水压力的方向朝下，坑底土面积保持无水状态；

（4）沿基坑外围打板桩深入坑底下面一定深度，增加地下水从坑外流入坑内的渗流路线，减小动水压力和渗流量；

（5）采用化学压力注浆或高压水泥注浆，固结基坑周围粉砂层使之形成防渗帷幕；

（6）往基坑抛大石块，以增加土的压重和减小水压力，同时组织快速施工；

（7）当基坑面积较小，也可采取在四周设钢板护筒，随着挖土不断加深，直到穿过流砂层。

6. 暗浜、杂填土和冲填土地基怎样治理？

治理方法：

暗浜、杂填土地基的治理，应根据上部结构情况和技术经济的比较，采取下列方法：

（1）不挖土、打短桩。短桩的断面一般为 20cm×20cm，长度为 7m 左右，每根桩可承受 50～70kN 的荷载，暗浜下有轻粉质土、粉砂时效果较为显著。桩基设计可假定桩台底面下的土与桩共同支撑作用，一般按桩承受荷载的 70%计算，但地基土承受的荷载不宜超过 $30kN/m^2$；

（2）暗浜不深时，挖除填土，将基础落深，或用毛石混凝土等加厚垫层，或用砂等性能较稳定、无侵蚀性的散体材料处理加固；

（3）暗浜宽度不大时，可设置基础梁跨越暗浜进行加固处理；

（4）对于一般低层民用建筑可适当降低地基土的承载力特征值，直接利用填土地基。这样可方便施工。

7. 基础施工时遇松土坑如何处理？

治理方法：

（1）遇到这些情况时，可将坑中松软土挖除，直至坑底见到天然好土为止，然后采用与坑底的天然土压缩性相近的材料回填。回填时应分层洒水夯实；

（2）施工时，如遇到地下水位较高，或坑内积水无法夯实时，可用砂石或混凝土代替灰土回填。为防止地基的不均匀下沉，有时要加强基础和上部结构刚度，如对砖墙楼层加筋或加圈梁。

8. 基础施工时遇砖井和土井如何处理？

治理方法：当井在基坑中间，井内填土已经密实，则应将井的砖圈拆除至槽底以下 1m 或更多一些，用 2∶8 或 3∶7（体积比）灰土分层夯实至槽底；当井的直径大于 1.5m 时，则应适当考虑加强上部结构的承载力，如在墙内加筋或作地基梁跨越砖井；若井在基础转角处，除采用上述拆除回填办法处理外，还应对基础作加强处理，如采取加钢筋混凝土过梁和挑梁的方法解决。

9. 基础施工时遇有“橡皮土”如何处理？

治理方法：当地基为黏性土，且含水量很大，趋于饱和时，夯拍后脚踩上去有颤动感觉，俗称“橡皮土”。在这种情况下不要直接夯拍，可采用晾槽或掺石灰的办法降低土的含水量，然后再根据具体情况选择施工方法及基础类型；如地基已发生颤动现象，应将橡皮土挖除或用碎石将泥挤紧，对挖除部位应填以砂土或级配砂石。

10. 基础施工时局部范围内有硬土如何处理？

治理方法：当柱基或部分基槽下面有明显较其他部位坚硬的土质或硬物时，如旧墙基、老灰土、古车道、大树根等，均应尽可能挖除，以防建筑物产生较大的不均匀沉降，造成上部建筑结构开裂；如不能挖除，可视情况在其上浇筑一层钢筋混凝土进行处理。

11. 冻涨地基土用人工盐渍化法怎样改良？

原理分析：人工盐渍化法是指向土体中加入一定量的可溶性无机盐类，如氯化钠（NaCl）、氯化钙（$CaCl_2$）、氯化钾（KCl）等使之成为人工盐渍土。根据不同交换性阳离子对土冻胀性的影响程度，（如加入钾、钠等离子就可以大大的抑制土体的冻胀性），在人工盐渍化冻胀措施中，较多的采用氯化钠作为掺入的盐分。掺入量多少应以土的种类和施工方法等条件而定。一般情况下，在砂质、粉质土中，可按重量比加入2%～4%的氯化钠、氯化钙，对含少量粉土和黏土的砂质土，应添加1%～2%的氯化钙或氯化钾。

治理方法：

人工盐渍化的施工工艺主要可分为以下两种：

（1）直接将盐铺设在地基或其他需防止冻涨的地面上，然后经过雨淋渗入土中，根据有关试验，每平方米铺上9.75kg的NaCl晶体，其四周影响长度可达15.25m；

（2）先将回填土盐渍化成后再填入基坑。先按要求挖好基坑，然后将土盐渍化后填入。为防止条形基础冻涨上抬，可在基础侧面回填盐渍化土。填入基坑的盐渍化土需经仔细夯实，并要求将其表面用防水层保护起来，以减少淋漓作用。

12. 冻涨性地基土用憎水性物质怎样改良?

原理分析:

用憎水性物质改良地基土的方法,是指在土中掺少量憎水性物质,使土颗粒表面具有良好的憎水性,减弱或消除地面水下渗和阻止地下水上升,使土体的含水量减少,进而削弱土体冻涨及地基土与建筑物间的冻结强度。

治理方法:

将石油产品或其副产品以及其他化学表面活性剂掺到土中制作憎水土。

表面活性剂可以使憎水的油类物质被颗粒牢固吸附,从而削弱土与水的相互作用。

憎水土的制作可按下述步骤进行:

(1) 将土弄松,晒干(风干状态)然后再进行粉碎,一般要求大于5mm的团粒数量不得高于总土体积的10%;

(2) 将土加热到指定温度(120~150℃);

(3) 倒入已经加热的憎水性材料溶液,然后进行搅拌,直到均匀为止。

为防止桩、墩或条形基础在侧面切向冻涨力作用下上抬,可在其基础侧表面铺设一定厚度的增水土,如图3-1所示。

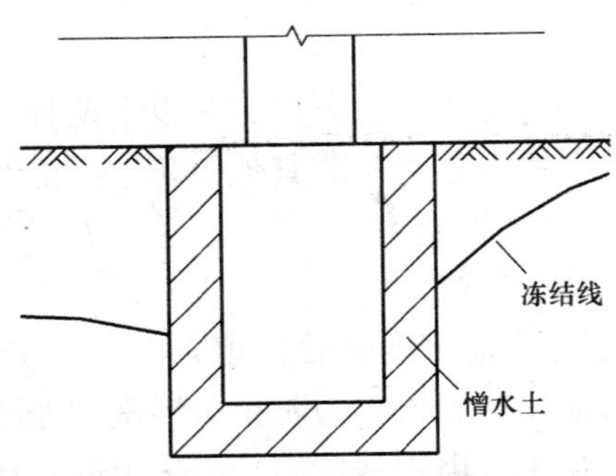

图3-1 条基憎水土衬砌示意图

增水土厚度通常为 150～250mm，其施工可按下述步骤进行：

（1）在增水土填筑之前，先将基础侧面用液态憎水性材料涂两遍；

（2）按设计憎水土厚度立好模板，然后分层填筑并夯实。

13. 冻涨地基土如何用换填法处理？

换填法是指用粗砂、砾石等非冻涨性材料置换天然地基的冻涨性土，以削弱或基本消除地基土的冻涨。

处理方法：

（1）用换填法防冻害的效果与换填的深度、换填料粉黏粒含量、换填料的排水条件、地基土质、地下水位及建筑物适应不均匀冻涨变形能力等多种因素有关。在采用换填法时，应根据建筑物的使用条件、结构特点、地基土质及地下水位情况，确定合理的换填深度和控制粉黏粒含量，并做好换填层的排水；

（2）换填深度应根据建筑物的类型、结构允许变形程度、土体冻结深度、土质及地下水位等条件加以具体确定。经换填后地基的冻涨变形应控制在建筑物允许的变形范围之内。换填断面上部每侧都应大于基础宽度，一般采用 150～200mm，为削减作用于墙基外侧的切向冻涨力，可采用外侧面换填，侧向换填厚度一般采用 100～150mm。

14. 一般降水井和减压井的封井方法有何不同？

现象：在基础和地下构筑物施工完成并进行回填土后，施工降水井即完成它的工作使命，这时即可拆除井点系统。至于留下的井孔，可根据不同的井点采取不同的封井方法。

处理方法：

（1）一般降水井封井方法：先把水泥、砂、碎石按 2∶2∶1 的比例在井口旁搅拌均匀（全部干料），与此同时，在投料前，将井内的水全部抽空，快速把水泵提出，并把干料迅速投放至井内，上部 2m 的位置使用抗渗混凝土灌注，如图 3-2 所示；

（2）减压井的封井方法：减压井一般在主体结构四层完成后封井。

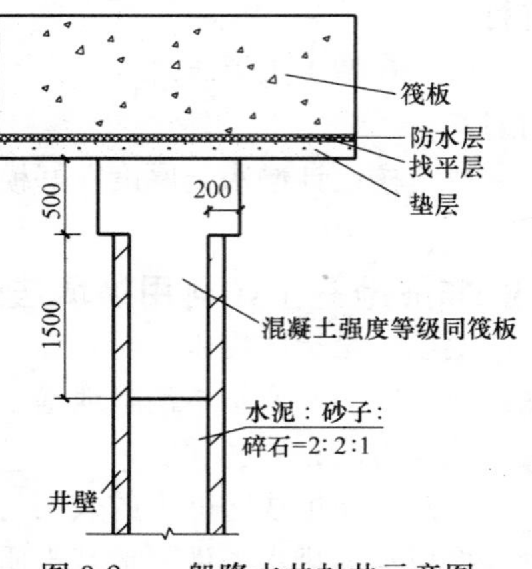

图 3-2 一般降水井封井示意图

具体措施：

1）先把水泥、砂、碎石按 2∶2∶1 的比例在井口旁搅拌均匀（全部干料）；

2）无需把水泵提出，即将干料投放至井内。将导水管埋入垫层及筏板基础内，保留水泵正常抽水，直至水泵终止工作为止；

3）在井上半部分使用加少量的干料，要以手抓成团落地散开为宜，夯填至比井管底 50mm 左右时，安放 10mm 厚钢板与井管固定，如图 3-3 所示。

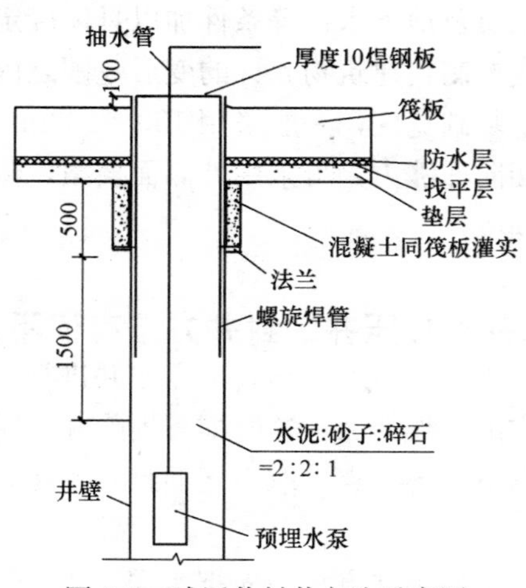

图 3-3 减压井封井方法示意图

第四章　桩基工程

1. 预制桩桩身断裂怎么修？

现象：预制桩桩身在沉入过程中，桩身突然倾斜错位；当桩尖处土质条件没有特殊变化，而贯入度逐渐增加或突然增大，同时当桩锤跳起后，桩身随之出现回弹。

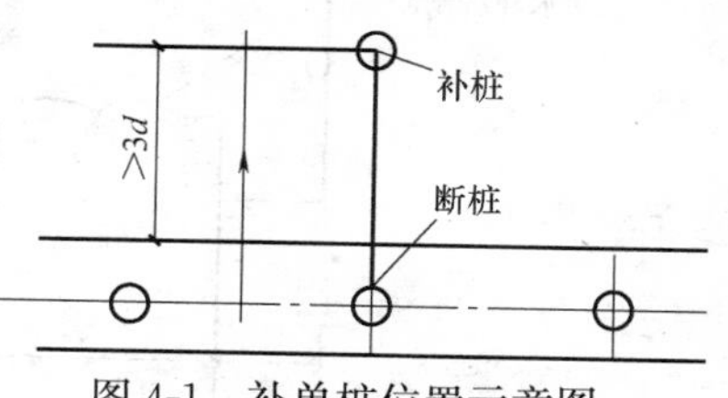

图 4-1　补单桩位置示意图

注：d 为桩径。

治理方法：当施工中出现断裂桩，应会同设计人员共同研究处理办法。根据工程地质条件、上部荷载及桩所处的结构部位，可以采取补桩的办法。补一根桩时，可在轴线外补，如图 4-1 所示。

补两根桩时，可在断桩的两边补，如图 4-2 所示。

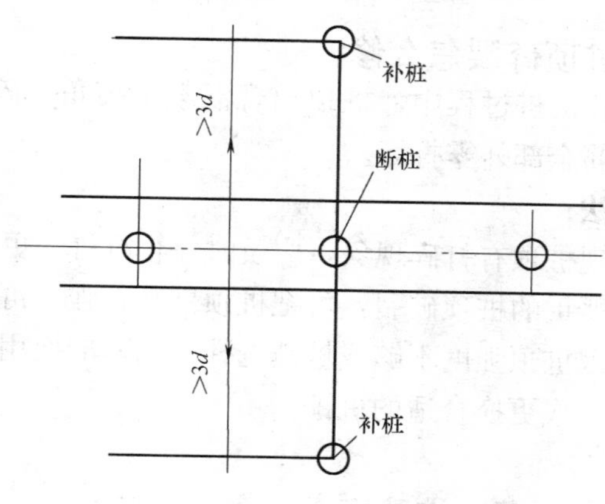

图 4-2　补双桩位置示意图

注：d 为桩径。

2. 桩头剔至设计标高以下时，如何采取补救措施?

治理方法：桩头剔至设计标高以下时，如剔除面距桩顶标高不深，可接桩至设计标高，具体补救措施，如图 4-3 所示：

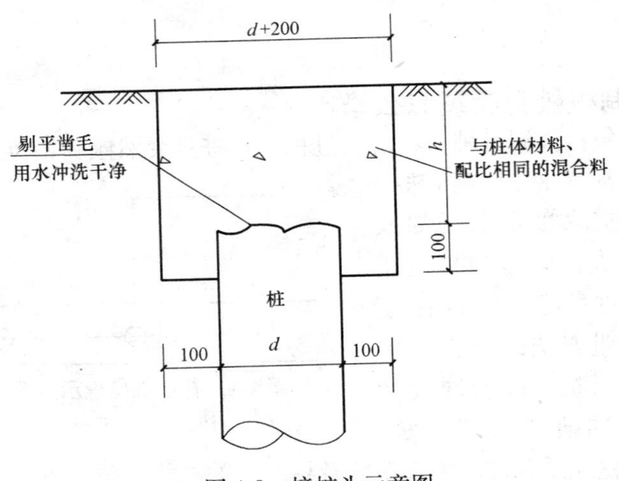

图 4-3 接桩头示意图

注：d 为桩身直径。

3. 预制桩桩顶碎裂怎么修?

现象：在沉桩过程中，桩顶出现混凝土掉角、碎裂、坍塌，甚至桩顶钢筋全部外露打坏。

治理方法：

（1）发现桩顶有打碎现象，应及时停止沉桩，更换并加厚桩垫；如有较严重的桩顶破裂，可把桩顶剔平补强，再重新沉桩；

（2）如因桩顶强度不够或桩锤选择不当，应换用养护时间较长的“老桩”或更换合适的桩锤。

4. 干作业成孔灌注桩孔底虚土多怎么办?

现象：成孔后孔底虚土多，超过规范所要求的不大于

100mm 的规定。

治理方法：

（1）在一次钻至设计标高后，在原位旋转片刻再停止旋转，静拔钻杆；

（2）用勺钻清理孔底虚土；

（3）孔底虚土是砂或砂卵石时，可先采用孔底灌浆拌合，然后再灌注混凝土，也可全部采用压力灌注混凝土的办法；

（4）采用孔底压力灌浆法。

5. 干作业成孔灌注桩塌孔怎么填？

现象：成孔后，孔壁局部塌落。

治理方法：

（1）先钻至塌孔以下 1～2m，用豆石混凝土或低强度等级混凝土 C10 填至塌孔以上 1m，待混凝土初凝后，再钻孔至设计要求。使填的混凝土起到护圈作用，防止继续坍塌，也可采用 3∶7（体积比）灰土夯实代替混凝土；

（2）钻孔底部如有砂卵石、卵石造成的塌孔，也可采用加大钻深的办法，保证有效桩长满足设计要求。

6. 干作业成孔灌注桩钻进困难怎么办？

现象：钻进时很困难，甚至钻不进。

治理方法：

（1）如石头、混凝土等障碍物埋深较浅，可提出钻杆，清理完障碍物后重新钻进；遇有埋深较大的大块障碍物，如不易挖出，可拔出钻杆，在孔内填进砂土或素土，并同设计人员协商，改变桩位避开障碍物再钻；

如实在无法改变桩位，可用带合金钢钻头的牙轮钻或筒钻，把石头或混凝土块磨透取出，也可用少量炸药爆破，取出碎块后重新钻进；

（2）对于饱和黏性土层可采用慢速高扭矩钻机进行钻进，对于硬塑粉质黏土或灰土之类的硬土层，除采用上述钻机外，还需采用钻硬土的伞形钻，在硬土层中钻孔时，可适当在孔中加水，一方面防止钻头过热，另一方面起到润滑和软化土体，加快钻进速度的作用。

7. 干作业成孔灌注桩扩孔底虚土多怎么办?

现象：扩孔底虚土超过规范过多。

治理方法：虚土过多时，应重新进行清孔，直到满足规范要求为止。

8. 干作业成孔灌注桩孔形不完整怎么修?

现象：孔形不符合设计要求，出现豁口、“梅花”孔等情况。

治理方法：

扩孔刀片收不拢时，可多做几次张开收拢的动作，尽可能把扩孔刀片的土挤实，然后再提出扩孔器。每次扩孔的土应视储土筒容量而定，不宜过多。

9. 湿作业成孔灌注桩塌孔怎么办?

现象：在成孔过程中，孔壁塌落。

治理方法：

（1）如发生孔口塌落，应先探明塌落位置，将砂和黏土（或砂砾和黄土）混合物回填到塌孔位置以上 1～2m；

（2）如塌孔严重，应全部回填，等回填物沉积密实后再进行钻孔。

10. 湿作业成孔灌注桩桩孔偏斜怎么纠正?

现象：成孔后孔不直。

治理方法：

（1）在偏斜处吊住钻头，上下反复扫孔，使孔校直；

（2）在偏斜处回填黏土，待沉积密实后再钻。

11. 爆破灌注桩缩颈怎么补？

治理方法：

（1）发现有轻微缩颈时，可用掏土工具掏出缩颈部位的土，然后立即灌筑混凝土；

（2）缩颈严重时，应采用成孔机械重新成孔，除用套管法施工外，还可以在缩颈部位用适量炸药进行爆破。

12. CFG 桩桩径偏小的补桩方法？

表现：桩径偏小，桩径和桩顶标高达不到设计要求。

治理方法：

（1）清理桩头：清挖桩头，挖至桩径不小于偏差 200mm 时，将上部桩径不满足部分凿除，并向下挖深 100mm，两侧均扩出 100mm；

（2）断面处理：按图4-4所示除去断面上部松动部分，用人工凿除平整，用钢丝刷清理干净，浇筑前先用清水冲净断面，刷一道素水泥浆；

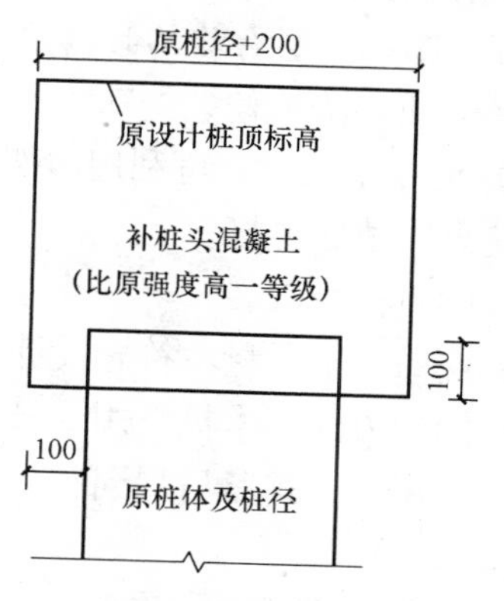

图 4-4　CFG 桩桩径偏小和桩顶偏低补桩示意图

（3）浇筑混凝土：采用比原桩混凝土强度高出一个强度等级的混凝土浇筑桩头，挖桩时产生的坑洞不论直径大小均使用混凝土浇筑，并振捣密实，桩顶用桩模修成高于槽底 50mm 的桩头；

（4）养护：对新浇混凝土桩头覆盖塑料薄膜养护，严禁扰动。

13. 灰土桩桩身回填夯击不密实、疏松、断裂怎么办?

现象：桩孔回填不均匀、夯击不密实、时密时松、桩身疏松甚至断裂。

治理方法：

夯填过程中，若遇孔壁塌方，应停止夯填，先将塌方土清除干净，然后用 C10 混凝土灌入塌方处，再继续回填夯实。

14. 打桩常遇一般问题如何防治?

(1) 桩身扭转或位移

现象：桩尖不对称；桩身不正直。

治理方法：可用撬棍慢慢撬动纠正；偏差不大，可不处理

(2) 桩身倾斜和位移

现象：桩头不平，桩尖倾斜过大；桩接头破坏；一侧遇石块等障碍物；土层有陡的倾斜角；桩帽与桩不在同一直线上。

治理方法：偏差过大，应拔出移位再打；入土不深（小于 1m）偏差不大时，可利用木架顶正，再慢慢打入；障碍物不深，可挖出回填后再打。

(3) 桩身破裂

现象：桩质量不符合设计要求。

治理方法：木桩可用 8 号镀锌铁丝捆绑加强，混凝土桩可加钢夹箍用螺栓拉紧后焊固补强。

(4) 桩涌起

现象：遇流砂或软土。

治理方法：将桩拔起检验，改正重打；或在靠近原桩位作补桩处理（补桩由设计单位确定）。

(5) 桩急剧下沉

现象：遇旧埋设物，坚硬土夹层，或砂夹层；打桩间歇时间过长，摩阻力增大；定错桩位。

治理方法：遇障碍或硬土层，用钻孔机钻进后再打入；根据

地质资料正确确定桩长。

（6）桩身颤动桩锤回弹

现象：桩尖遇树根或坚硬土层，桩身过于弯曲；接桩过长；落锤过高。

治理方法：检查原因，采取措施穿过或避开障碍物，入土不深，应拔起避开或换桩重打。

第五章　地下防水工程

1. 渗漏点怎样查找？

基层清理后，怎样又快又准地查找渗漏点？

具体做法：

（1）对明水漏点、漏水量大或比较明显的渗水的部位，可直接检查到，应逐个房间仔细查找，并用笔画标记；

（2）对慢渗或不明显的渗漏点，可将渗漏水部位用棉纱擦干，然后立即薄而均匀地撒上一层干水泥，待表面出现湿点或湿线处，即为漏水孔或缝；同样做出标记，以便修堵；

（3）用上述方法不能查出的渗水部位，可用水泥胶浆（水泥：M131 稀释液＝1：1），在漏水部位均匀薄涂一层，然后接着均匀撒一层干水泥面，水泥面上的湿点或湿线处即为漏水孔或缝。

2. 灰土防渗层如何施工？

现象：灰土防渗层施工往往被人忽视，人们误认为防水主要靠其他刚性和柔性防水层在起作用。其实，每道工序都起着各自的作用。灰土防渗层也应认真做好。

具体做法：灰土防渗层的厚度一般为 400～600mm。灰土土料多利用挖出黏土、粉质黏土或粉土，应以粉质土为最佳。使用时破碎、过筛，控制粒径不大于 15mm，石灰在使用前 1d，用清水充分消解过筛，其粒径不大于 5mm。灰土配合比宜采用 3：7 灰土（体积比），用人工拌合 2～3 遍，达到拌合均匀，颜色一致，即可使用；含水量一般为 14％～18％，以干握成团，两指轻捏即碎为宜；过干或过湿，应洒水湿润或晾干；灰土铺设夯实机具可使用蛙式打夯机，大面积宜用 8～10t 压路机、6～10t 振动压路机。铺设厚度：蛙式打夯机不宜大于 250mm，夯实 3～4 遍；10t 以上压路机为 250～300mm，碾压 8～10 遍。厚度 600mm 以上的灰土防渗层，须作多层夯填，上下层接槎须错开不小于 500mm。如遇有水池防渗层施工，顺序应为：先池壁、底板下，待池壁浇筑完后，再施工外壁灰土，作成一封闭防渗层，如图 5-1 所示。

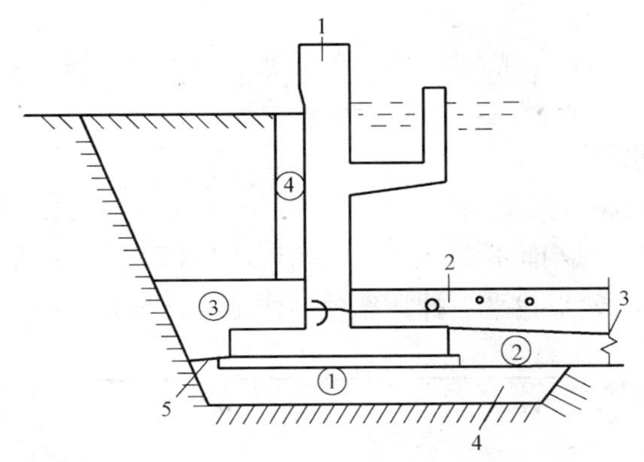

图 5-1　大面积灰土封闭防渗层示意图

1—池壁；2—底板；3—垫层；4—灰土防渗层；5—灰土接缝

①、②、③、④为灰土铺设顺序

3. 地下防水层复杂部位如何增强处理？

现象：地下防水层复杂部位一般是指：阴阳角、管道和地漏根部及伸缩缝等处。这些部位往往是地下防水层的薄弱环节，为保证其防渗漏效果，都要作增强处理。

具体做法：

（1）增强剂配制，系将聚氨酯材料按：甲组份∶乙组份＝1∶1.5 的重量比配合，搅拌均匀使用，要随配随用，不宜配制过多，防止固化；

（2）用毛刷蘸增强剂，在阴阳角、管道、地漏根部及伸缩缝等处均匀涂刷一遍作为附加层，厚度以 2mm 为宜，也可在局部加贴一层三元乙丙卷材，待其固化后，即可进行下道工序作业。

4. 混凝土蜂窝、麻面、孔洞处渗漏水如何修补？

现象：遇有混凝土蜂窝、麻面、孔洞处有渗漏水时，要根据渗漏水状况及水压大小，查明渗漏水的部位，然后进行堵漏和修补处理。

治理方法：

在处理前，应先将混凝土面层处松散不牢的石子剔凿掉，用钻子或剁斧将表面凿毛，清理后，再用板刷冲水刷洗干净。

具体措施：

（1）水泥砂浆抹面法

如蜂窝、麻面不深，基层处理后，可用水泥素灰打底，用 1∶2.5 水泥砂浆找平，抹压密实，如图 5-2 所示；

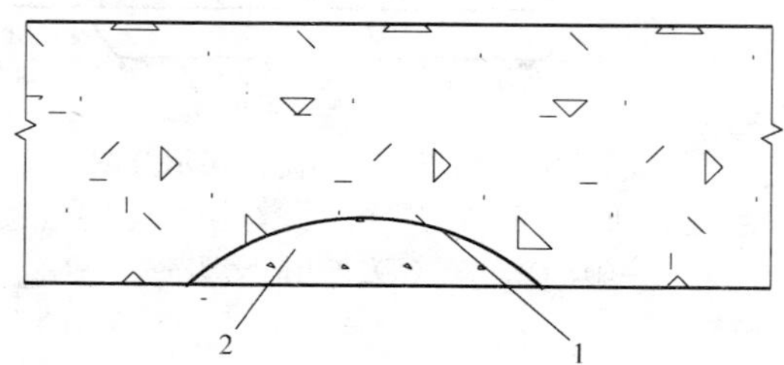

图 5-2 混凝土蜂窝、麻面处理法之一

1—素灰 2mm 厚；2—砂浆层

如蜂窝、麻面面积大而稍深，基层处理后，可用水泥素灰和 1∶2.5 水泥砂浆交替抹至与基层面相平即可，如图 5-3 所示。

（2）水泥砂浆捻实法

如混凝土产生面积不大而较深的蜂窝、孔洞，基层处理后，可先抹一层水泥素灰打底，然后用 1∶2.5 干硬性水泥砂浆（手握成团，落地就散的砂浆），边填边用木棍和橡皮锤用力捣捻严

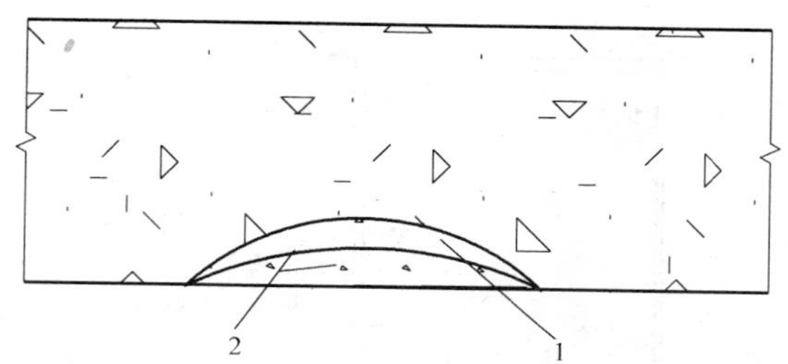

图 5-3 混凝土蜂窝、麻面处理法之二
1—素灰 2mm 厚；2—砂浆层

实，至稍低于基层表面时，再在表面抹水泥素灰和 1∶2.5 水泥砂浆找平，如图 5-4 所示；

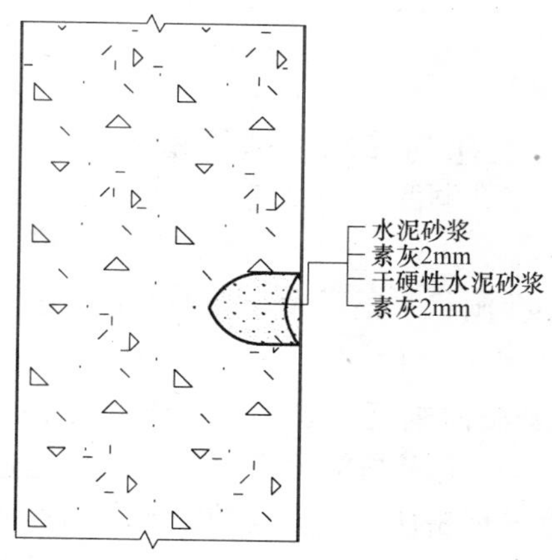

图 5-4 水泥砂浆捻实法处理蜂窝、孔洞示意图

(3) 混凝土浇捣法

当蜂窝、孔洞比较严重时，基层处理后，周围可先抹一层水泥素灰，再用比原强度等级高一等级的细石混凝土或补偿收缩混凝土填补并仔细捣实，养护后，将表面清洗干净，再抹一层水泥素浆和一层 1∶2.5 水泥砂浆找平压实，如图 5-5 所示。

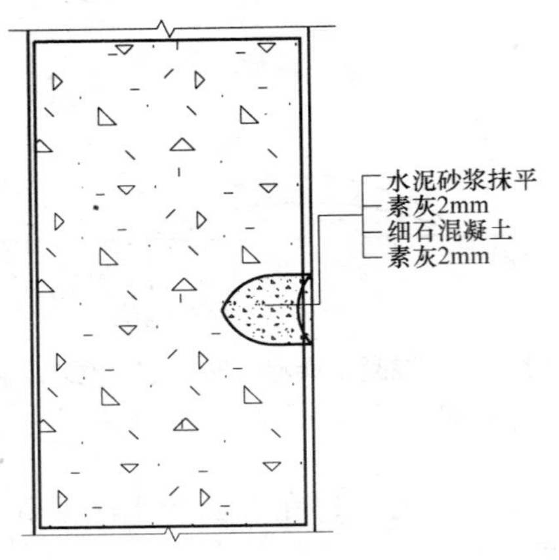

图 5-5　混凝土浇捣法处理蜂窝、孔洞示意图

5. 地下室混凝土孔洞漏水怎么修堵?

地下室混凝土孔洞漏水的修堵，一般采用直接堵塞法。

治理方法:

（1）对较小孔洞、水压不大，宜先以漏点为中心，剔凿成圆孔，孔洞大小视水大小而定，一般为 24cm×48cm（直径×深度)。孔壁应与基层面垂直，避免上（外）大下（内）小，并用水将孔洞冲洗干净。用按配置好并发热的胶浆迅速强力堵塞于孔洞内，并向孔壁四周挤压严实，使速凝胶浆与孔壁紧密结合，约挤压 30s 即可，检查无渗漏后，即可再堵下一漏水点；

（2）当水量较大较急，可先用一个经防腐处理的木楔，打入洞内堵住急流，然后再按上法将木楔四周孔隙堵好压实，亦可将漏水处剔成孔洞，用速凝水泥胶浆将一铁管（管径视漏水量而定）稳牢于孔洞内，铁管顶端应比基面低 20mm，管的四周空隙用速凝胶胶浆或水泥砂浆抹好，待达到一定强度后，将浸过沥青的木楔打入铁管内并塞入干硬性速凝砂浆，表面再抹素灰和砂浆一道，经 24h 后，检查无漏水现象，即可随同其他部位一起作防水面层。

6. 地下室混凝土裂缝漏水如何修堵？

地下室混凝土裂缝漏水的修堵，多采用直接堵塞法。

治理方法：

（1）先沿裂缝剔成“U”形沟槽，深约30～60mm，宽约15～30mm，沟槽需与基层面垂直，并洗刷干净。然后把与水泥拌好的速凝止水胶浆捻成尺寸与沟槽相适应的长条，待发热后迅速塞入沟槽中挤压密实，使速凝胶浆与基层紧密结合。值得注意的是修补孔洞和裂缝渗漏水的凿槽，不能凿成外大内小的“V”字形，以免补漏材料收缩时造成脱落；同时宜凿一个补一个，以免漏水量太大堵不过来；

（2）当裂缝较长时，可分段堵塞，堵塞完毕检查无渗漏后，用素灰和砂浆把沟槽抹平并扫毛凝固24h后，再随其他部位一起作防水面层。

7. 地下室混凝土蜂窝、麻面如何修堵？

现象：对于混凝土浇筑振捣不密实造成局部蜂窝、麻面，出现渗漏水情况。

治理方法：

（1）先将渗漏水部位清理干净，将蜂窝、麻面部位剔凿掉，深为30～40mm，长宽较蜂窝、麻面周边大出30～40mm。用水洗净湿润后，先涂刷两遍M179胶粘剂，随后立即用比原强度高一等级的掺有M142的防水砂浆或细石混凝土分层抹平、压实；

（2）对立面较深的蜂窝、麻面，应支外模板，分层浇筑比原强度高一等级的掺有M142的细石混凝土，并振捣密实。

8. 防水砂浆面层如何才能抹好？

具体措施：

为了防止已堵好的漏水点在压力水作用下再次出现渗漏，一般在结构内表面做一层厚约 20mm 的防水砂浆层，分 2～3 遍抹成，增加一道防线。

涂抹顺序是：先墙面，后地面；先外墙，后隔墙。操作时接茬应分出层次，并错开；地面与墙面交界处的阴阳角做成圆弧形，各层防水砂浆应抹成一封闭整体。抹面操作时，先将基层清理干净，表面涂刷一遍 M179 胶粘剂，可不凿毛。在胶粘剂未干时，随即抹一层 5mm 厚 M142 防水砂浆，并压实搓毛，待达到一定强度（泛白）后，接着抹第二层约 7mm 厚防水砂浆，压实、搓毛。然后再用同法抹第三层约 8mm 厚防水砂浆，表面抹平、压光；并每 4～6h 浇水一次，养护 7d。

9. 橡胶止水带如何安装才能不移位？

情况说明：地下室防水混凝土板墙常留有施工缝，此处需安装橡胶止水带，要保证在浇筑钢筋混凝土时止水带不移位。

具体做法：安装时用模板夹住，并用钢筋卡借铁丝固定（图 5-6），混凝土浇筑在止水带两侧，对称均匀下料振实，以保证位置正确，防止渗漏，如图 5-6 所示。

10. 止水带处的混凝土怎样浇筑？

具体做法：

（1）彻底清除止水带处浮渣和木屑等杂物，用高压水冲洗干净浮尘；

（2）浇筑前将接茬处充分浇水湿润，再用同强度等级砂浆铺 50mm 厚底；

（3）分层浇筑。一次浇筑厚度一般控制在 500mm，在止水带两侧下料时用人工扶正，下棒振捣时要距止水带不宜超过 30mm。防止止水带偏移，严禁下料直冲止水带，防止产生石子旋涡。

（王瑞章）

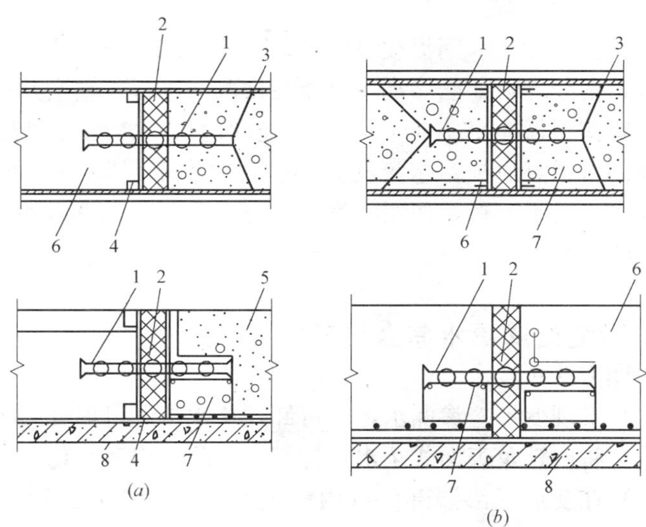

图 5-6　池壁、底板橡胶止水带支模固定法

（a）一侧先浇筑混凝土的固定；（b）两侧同时浇筑混凝土的固定

1—橡胶止水带；2—沥青木丝板；3—铁丝；4—端模板；5—池壁；6—底板；7—固定钢筋 ϕ14@600mm 与池壁、底板主筋焊连；8—混凝土垫层

11. 止水带处混凝土面出现渗漏怎么治理？

原因分析：接茬处清理不干净，未凿毛，旧、新混凝土结合不严密；在浇筑混凝土时止水带位移，甚至脱落；振捣过度，造成漏浆，止水带两侧形成蜂窝、麻面，混凝土结构不密实。

治理方法：

（1）对于麻面、蜂窝较浅的部位，可用水冲洗表面，用“堵漏灵”、“水不漏”放入容器内加水拌合成稀糊状，用腻子刮刀刮一遍；

（2）对于麻面、蜂窝较深的部位，首先要涂抹厚度 1～2mm 的“堵漏灵”、“水不漏”，在第一遍干燥后，将深的部位用稍稠一些的“水不漏”加压抹平，再涂抹第二遍和第三遍，此法一般应在闭水试验前做完；

（3）止水带止水钢板接缝处如果有缝隙或夹渣，要在迎水面先进行钻凿处理，如已渗水，只能在被水面进行。钻凿开口不宜过大，要找出渗水的方向，如果是竖向缝隙，渗水点可能在上部，找到渗水点后根据水流的大小拌合“水不漏”，拌合时一次不宜太多，也不宜稀，面团状为宜，先上后下，先里后外，先两侧后中间。

12. 变形缝处渗漏水怎么治理？

治理方法：

（1）发现变形缝渗漏水，对可卸式止水带，可揭开盖板，扭开螺母，将压铁及表面式止水带拆卸，清除缝内塞填物；

（2）在变形缝渗漏部位缝内嵌入 BW 止水带，每隔 1～2m 处预埋注浆管，用速凝防水胶泥封缝；

（3）注浆后 2～3d，应认真检查，对不密实处，可做第二次丙凝注浆，直到不渗漏水为止。注浆管可用膨胀水泥砂浆填实。

13. 混凝土施工缝渗漏水怎么防控？

现象：施工缝沿缝隙处渗漏水，有的湿渍斑斑，严重的渗漏水成线状。

防控措施：

（1）合理留设水平施工缝。墙板水平施工缝宜留设在高出底板上表面不小于 200mm 的墙身上；墙体设有孔洞时，施工缝距孔洞边缘不小于 300mm；

（2）施工缝接缝形式常用的三种：

1）凸缝——是企口缝的一种形式，凸缝容易清理，当墙较厚时，宜采用此缝 ，如图 5-7（*a*）所示；

2）高低缝（阶梯缝）——是一种常用的形式，如图 5-7（*b*）所示；

3）平口缝——平口缝加止水钢板，因钢板要求是封闭形式，又大又重，施工时很难处理，效果也不理想，现已较少使用；平口缝加 BW 止水条，施工简便，效果较好，如图 5-7（*c*、*d*）所示；

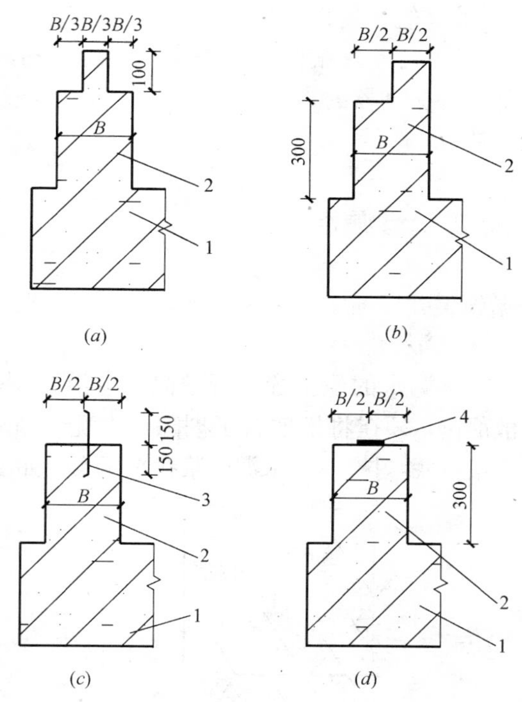

图 5-7　施工缝留置形式示意图

（*a*）凸缝；（*b*）阶梯缝；（*c*）平口缝埋金属止水带；（*d*）平口缝贴 BW 止水条.
1—底板；2—墙体；3—金属止水带；4—BW 止水条

（3）施工缝处理：

1）接缝处理。拆模后随用钢丝板刷将接缝处刷毛，施工前清除浮动的石子、浮浆、杂物，扫刷干净，用水冲洗；

2）立模。模板的下口要压紧，不得有漏水泥浆的缝隙。要留活动模板，以利用水冲洗湿润、排除杂物后封闭；

3）铺设水泥砂浆层。在混凝土初凝前，先在清洁潮湿而不积水的接缝上铺设厚度为25mm的1∶2.5的水泥砂浆，砂浆所用水泥强度等级、品种要和防水混凝土相同。要随铺随浇筑混凝土，不要一次铺设过长，以免砂浆初凝影响质量；

4）混凝土的浇筑。要控制接缝第一层混凝土的灌注厚度不超过500mm。采用插入式振捣器，先振捣接缝深的部分，后振捣接缝浅的部分，振动器的头不宜插到缝底部的已浇筑的混凝土上，以免影响质量。

14. 混凝土施工缝渗漏水怎么修?

治理方法:

(1) 根据施工缝渗漏水情况和水压大小，采用促凝胶浆或氰凝（丙凝）灌浆堵漏。

(2) 对于不渗漏水的施工缝出现缺陷，可沿缝剔成“V”形槽，遇有松散部位，须在将松散石子剔除、刷洗干净后，用高强度等级水泥素浆打底，抹1∶2水泥砂浆找平压实，如图5-8所示。

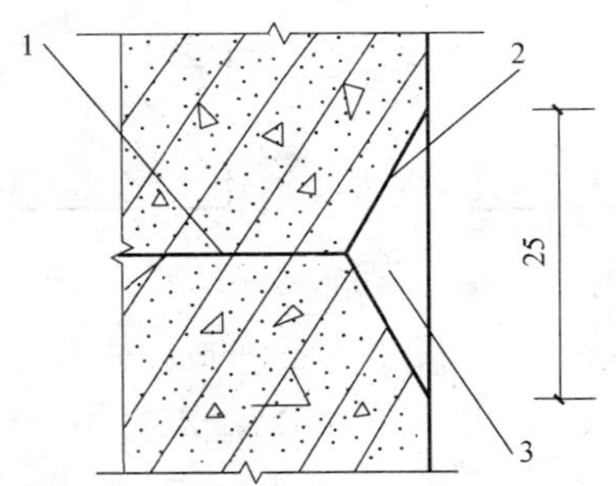

图5-8 混凝土施工缝缺陷处理

1—施工缝；2—素浆；3—水泥浆

15. 预埋件部位渗漏水怎么防控?

现象: 沿预埋件周边渗漏水，或预埋件附近出现渗漏水。

防控措施:

(1) 所有穿过防水混凝土的预埋件，必须满焊止水环，焊缝要密实无缝，如图 5-9 所示；

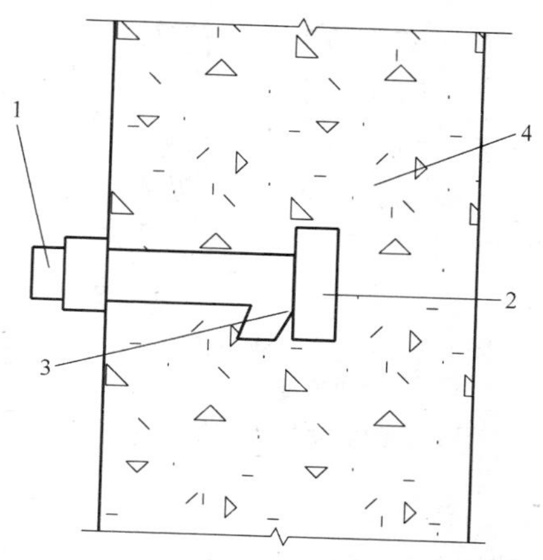

图 5-9　预埋铁件加焊止水板

1—预埋铁件；2—止水板；3—焊缝；4—防水混凝土

（2）预埋铁件表面锈蚀，必须做除锈处理；

（3）预埋件埋入混凝土内，应在其弯钩端满焊止水板防水；

（4）防水混凝土结构内部设置的各种钢筋或绑扎铁丝，不得接触模板；固定模板用的拉紧螺栓穿过混凝土结构时，可采用在螺栓或套管上加焊止水环，止水环必须满焊；

（5）浇筑混凝土时，加强预埋件周围混凝土的振捣。但振动棒不得碰撞预埋件。

16. 后浇带部位渗漏水怎么防控？

原因分析：后浇带部位产生渗漏水，一部分是由于施工缝处理不当造成的。

防控措施：

（1）后浇带两侧宜用模板封缝，尽量减少混凝土水泥浆流失，如图 5-10 所示；

（2）后浇带混凝土须用补偿收缩混凝土，其强度等级应比旧

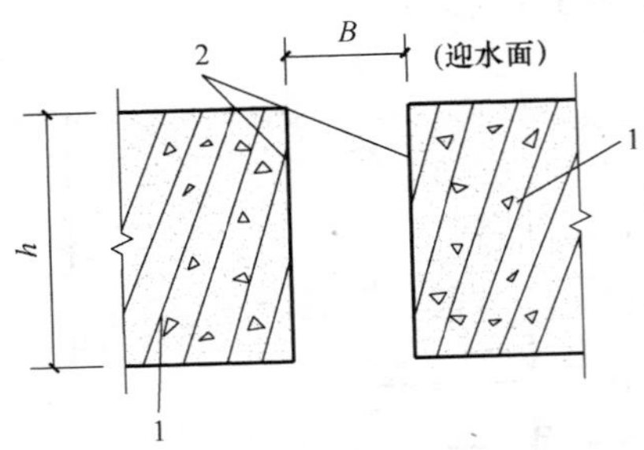

图 5-10　后浇带粘贴止水条示意图

1—防水混凝土；2—止水条

注：h 地板厚度；B 为后浇带的宽度

混凝土高 1 级，内渗水泥重量的 14%～15%的 UEA 或 WG-HEA 膨胀剂；若用泵送混凝土，坍落度按 160～180mm 控制；

（3）混凝土接近终凝，立即覆盖充分浇水养护 28d。

17. 管道穿墙（地板）部位渗漏水怎么防治?

现象及原因分析：管道和电缆穿墙（底板）处是地下防水工程中的薄弱部位，造成渗漏水的原因，除了与预埋件部位渗漏水的相同原因外，还有对热力管道穿墙部位构造处理不当，致使管道在温差作用下因往返伸缩变形而与结构脱离，产生裂缝漏水。

防控措施：

（1）对处于地下水位以下的管道和电缆穿墙部位，防水处理必须严格细致，切实保证施工质量；

（2）在设计上，尽可能将管道埋设深度提高至地下水位以上；

（3）根据各种管道的使用性能，选择不同的防水处理方案：

1）常温穿墙管道，可采用中间设置止水片的方法，以延长地下水的渗入距离，或在管道四周焊锚固筋，以更好的与结构形成整体，避免管道受震动时出现裂缝而渗漏，必要时还可在管道周围墙面剔槽捻灰加固，如图 5-11 所示。

常温管道穿过砖石砌体的区段应除锈，并浇灌高强度等级混

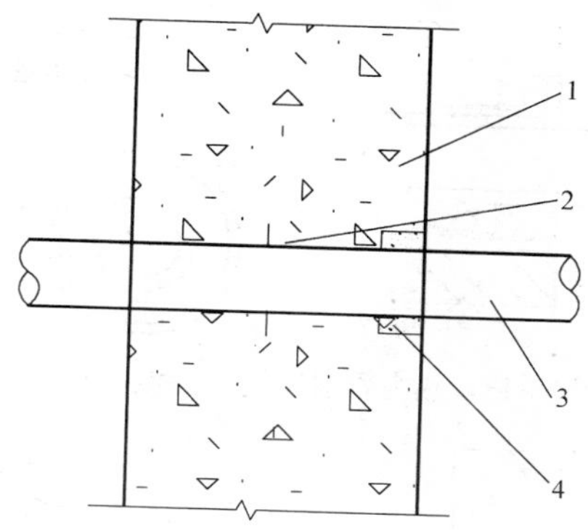

图 5-11　常温管道穿墙做法示意图

1—混凝土结构；2—锚固筋；3—管道；4—剔槽捻灰

凝土包裹，如图 5-12 所示；

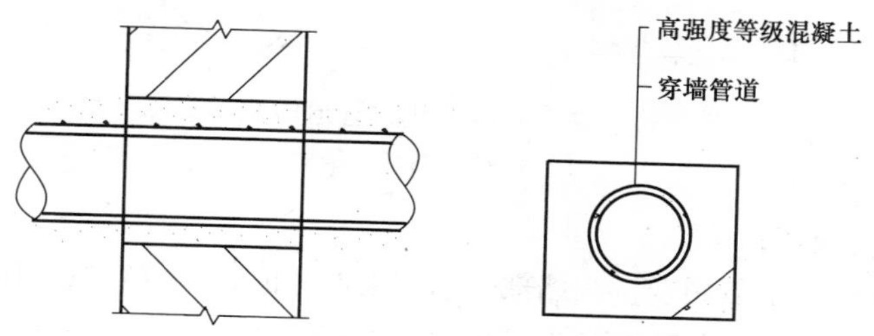

图 5-12　砖结构穿墙管埋设示意图

2）热力管道穿过内隔墙的部位，可埋置一个较穿墙管径大 100mm 的套管，后安装的管道与套管间的空隙用石棉水泥或麻刀石灰嵌填，其构造如图 5-13 所示；

3）热力管道穿透外墙的部位可采取橡胶止水套方法处理；

4）电缆穿透外墙的部位可参照如图 5-14 的构造形式处理，电缆与套管之间的空隙用石棉热沥青嵌填严实。

治理方法：

（1）常温管道穿墙部位渗漏水，可采用裂缝漏水处理的方法处理；

（2）热力管道穿墙部位渗漏水，可参照管道穿墙部位渗漏水

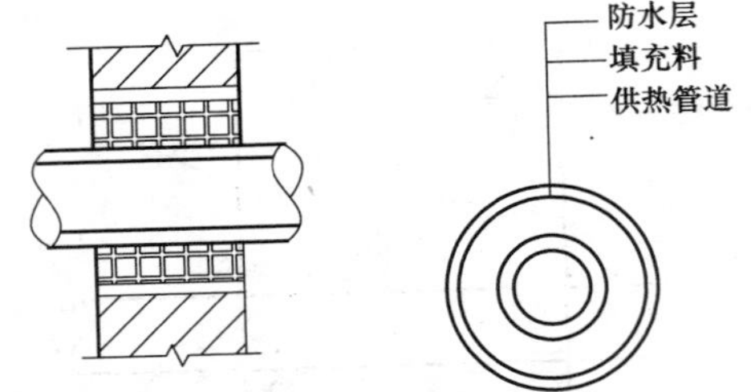

图 5-13　热力管道穿透内墙做法示意图

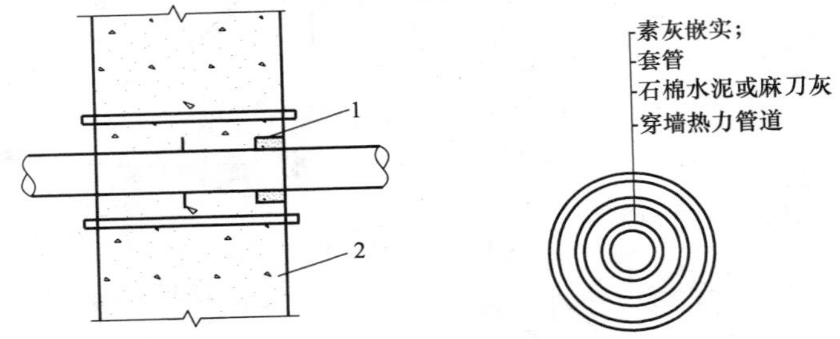

图 5-14　穿透内墙的热力管道做法示意图

1—素灰嵌实；2—结构

的方法处理；

(3) 热力管道穿透内墙部位出现渗漏水时，可将穿管孔眼剔大，采用埋设预制半圆混凝土套管的办法进行处理，如图 5-15 所示；

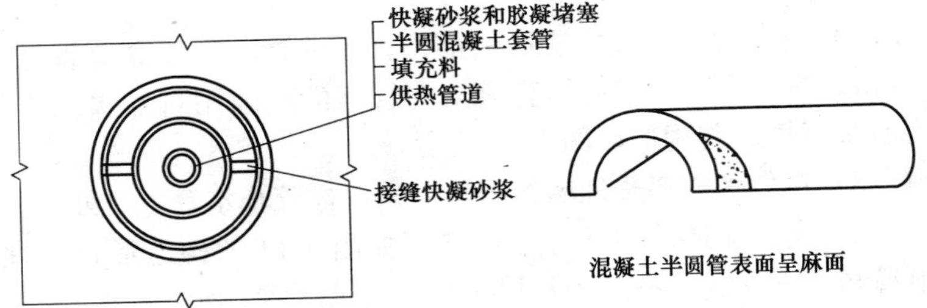

图 5-15　埋设预制半圆套管法

(4) 热力管道穿透外墙部位出现渗漏水，修复时需将地下水位降至管道标高以下，用设置橡胶止水套的方法处理。

18. 电缆管路等漏水如何防控?

现象：线盒或电闸箱槽内漏水，线管内或线管穿墙处漏水。

原因分析：

(1) 线盒或电闸箱等采取预埋方法，其背面和侧面墙体未经任何防水处理；

(2) 穿墙管多为有缝管，密封性能差，水从暗埋管路的接缝、接头等处渗入，沿穿线管漏入室内，此外，埋设时穿线管破损或弯曲处开裂，这些都是造成渗漏水的潜在因素；

(3) 穿线管外露端头，电缆出入口等部位缺乏相应的防水处理，造成周边渗漏。

防控措施：

(1) 地下工程的电源线路，宜采用明线装置，以便于防水处理和检修维护。穿透砖砌内墙的线管应选用密封性能良好的金属管，两端头要按穿墙管道做法处理；

(2) 暗线装置的穿线管必须是封闭的，埋设时不得有任何破损，线管端头外露处按穿墙管道做法处理；线盒、电闸箱等应先拆除，在槽内做好防水层以后再装入；

(3) 地下工程通过电缆线路的部位，要采取刚柔结合法进行处理，如图 5-16 所示。

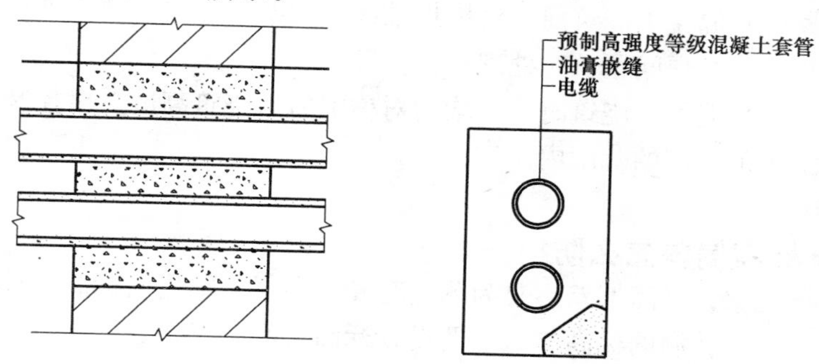

图 5-16 电缆穿墙部位处理方法示意图

第六章　模 板 工 程

1. 轴线偏移如何防控?

现象：轴线位移主要表现为混凝土浇筑后，发现柱、墙实际位置与建筑物轴线位置偏移。

防控措施：

（1）严格按 1/10～1/50 的比例将各分部、分项细部翻成详图，并注明各部位编号、轴线位置、几何尺寸、剖面形状、预留空洞、预埋件等，经复核无误后认真向操作人员交底，作为模板制作、安装的依据；

（2）模板轴线测放后，组织专人进行技术复核验收，确认无误后才能支模；

（3）墙、柱模板根部和顶部必须设可靠的限位措施，如采用现浇楼板混凝土上预埋短钢筋固定钢支撑，以保证底部位置准确；

（4）支模时要拉水平、竖向通线，并设竖向垂直度控制线，以保证模板水平、竖向位置准确；

（5）混凝土浇筑前，对模板轴线、支架、顶撑、螺栓进行认真复核，发现问题及时处理；

（6）混凝土浇筑时，要均匀对称下料，浇筑高度严格控制在施工规范允许的范围内。

2. 标高偏差怎么防控?

现象：标高偏差主要为测量时发现混凝土结构层标高及预埋件、预留孔洞的标高与施工图设计标高之间有偏差。

防控措施：

（1）每层楼设足够的标高控制点，竖向模板根部须做找平；

（2）模板顶部设标高标记，严格按标记施工；

（3）建筑楼层标高由首层±0.000标高控制，严禁逐层向上引测，以防止累计误差。当建筑高度超过30m时，应另设标高控制线，每层标高引测点应不少于2个，以便复核；

（4）预埋件及预留孔洞，在安装前应与图纸对照，确认无误差准确固定在设定位置上，必要时用电焊或套框等方法将其固定，在浇筑混凝土时，应沿其周围分层均匀浇筑，严禁碰击和振动预埋件与模板；

（5）楼梯踏步模板安装时应考虑装修层厚度。

3. 结构变形怎么防控？

现象：结构变形主要表现为拆模后发现混凝土柱、梁、墙鼓凸、缩颈或翘曲现象。

防控措施：

（1）模板及支撑系统设计时，应充分考虑其本身自重、施工荷载及混凝土的自重及浇捣时产生的侧向压力，以保证模板及支架有足够的承载能力、刚度和稳定性；

（2）梁底支撑间距应能够保证在混凝土重量和施工荷载作用下不产生变形，支撑底部若为泥土地基，应先认真夯实，设排水沟，并铺放通长垫木或型钢，以确保支撑不沉陷；

（3）组合小钢模拼装时，连接件按规定放置，围檩及对拉螺栓间距、规格应按设计要求设置；

（4）梁、柱模板若采用卡具时，其间距要按规定设置，并要卡紧模板，其宽度比截面尺寸略小；

（5）梁、墙模板上部必须有临时撑头，以保证混凝土浇捣时，梁、墙上口宽度；

（6）浇捣混凝土时，要均匀对称下料，严格控制浇灌高度，特别是门窗口模板两侧，既要保证混凝土振捣密实，又要防止过分振捣引起模板变形；

（7）对跨度不小于 4m 的现浇钢筋混凝土梁、板，其模板应按设计要求起拱；设计无要求时，起拱高度宜为跨度的1/1000～3/1000；

（8）采用木模板、胶合板模板施工时，经验收合格时后应及时浇筑混凝土，防止模板长期暴晒雨淋发生变形。

4. 接缝不严怎么避免？

现象：接缝不严主要表现为由于模板间接缝有间隙，造成混凝土浇筑时产生漏浆，混凝土表面出现蜂窝，严重的出现孔洞、露筋。

防控措施：

（1）翻样要认真，用 1/10～1/50 比例将各分部、分项细部翻成详图，详细编注，经复核无误后认真向操作人员交底，认真制作模板和拼装；

（2）严格控制木模板含水率，制作时拼缝要严密；

（3）木模板安装周期不宜过长，浇筑混凝土时，木模板要提前浇水湿润，使其胀开密缝；

（4）梁柱交接部位支撑要牢靠，拼缝要严密（必要时缝间加双面胶纸），发生错位要校正好。

5. 梁模板安装质量缺陷如何避免？

现象：梁模板安装常易出现梁身不平直、梁底不平下挠、梁侧模胀模等质量问题。

防控措施：

（1）支模时应以边模包底模；梁模与柱模连接处，下料尺寸应略为缩短；梁侧支模应设压脚板、斜撑，拉线通直后将两侧钉牢；梁底模板按规定起拱；

（2）对距地面高度大于 5m 的梁模板，支柱应拉剪刀撑；绑钢筋、浇筑混凝土应避免碰冲模板，以防模板侧向产生变形或失稳。

6. 圈梁模板安装质量缺陷如何避免？

现象：圈梁模板安装常易出现梁身不平直、梁侧模胀模等质量问题。

防控措施：

圈梁模板应支撑牢固，在模板上口用拉杆钉牢固；侧模与墙之间的缝隙用纤维板、木条或砂浆贴牢，模板本身缝隙刮腻子嵌缝等。

7. 柱模板安装中质量问题如何避免？

现象：柱模板安装易发生截面尺寸不准，混凝土保护层过大，柱身扭曲或位移，梁、柱接头偏差大等质量问题。

防控措施：

支模前按墨线校正好钢筋位置，钉好压脚板；转角部位设置连接角模，以保证角度准确。柱箍形式、规格、间距要按配板设计设置，梁、柱接头模板要按节点图进行安装，并连接牢固，柱四角要设好支撑或拉杆等。

8. 墙模板安装中质量问题如何避免？

现象：墙模板安装易产生墙体厚薄不一致、不垂直，上口过大，墙体烂脚等质量问题。

防控措施：模板连接“U”形卡或“L”形插销不宜过疏，穿墙螺栓的规格和间距应按配板设计设置，墙上口应设拉结；支撑的间距、位置应由配板设计确定，模板安装前底边应先做好水泥砂浆找平层，以防止漏浆等。

9. 安装楼梯模板踏步高度不一致如何避免？

防控措施：

(1) 梯步高度要均匀一致，特别要注意的是最上一步和最下一步的高度。必须考虑到楼地面面层装饰厚度，防止由于装饰层厚度不同而形成梯步高度不协调；

（2）在楼梯模板施工前，应根据实际层高放样，先安装平台梁及基础模板，再装楼梯斜梁或楼梯底模板，然后安装楼梯外帮侧板，外帮侧板应先在其内侧弹出楼梯底板厚度线，用套板画出踏步侧板位置线，钉好固定踏步侧板的档木，在现场装钉侧板即可。

10. 安装拱壳模板尺寸不准如何避免？

防控措施：

（1）拱壳模板的模架尺寸要制作准确，排列在牵架上要平，以利铺钉纵向壳底模板。钉子要尽量少用但又不能使模板翘起或发生较大缝隙；模板应能整体移出重复使用，尽量不拆散，以节约工料；

（2）普通拱模由拱底模板、模架和支撑组成。普通拱对墙体有推力，要注意设计上是如何解决的，如没有拉杆，则在拆模前将拉杆装好。

11. 现场预制各类小构件模板质量缺陷如何避免？

常见质量缺陷主要是，构件不方正，边角歪斜；厚薄不匀，超厚超宽。

防控措施：

（1）底模要平整，应符合构件表面质量要求，边模厚度要正确，当容易出现超厚时，可根据生产实践将边模高度减少3～5mm；

（2）安装模板时应校对对角线长度，接头处要牢固；

（3）浇捣混凝土时，要防止边模浮起，表面要按边模高度铲平；

（4）模板及地坪要涂隔离剂；

（5）脱模时间应根据当时气温及混凝土强度发展情况而定，不宜过早或过迟拆模；

（6）侧模拆除时的混凝土强度应能保证其表面及棱角不受损伤。

12. 模板不易拆除怎么办？

现象：混凝土梁、柱或板的边模或角模，在拆除时不易拆除，甚至嵌入混凝土内，拆不出来。

原因分析：主要是模板拆除过迟，粘结太牢；模板漏涂隔离剂；木模板吸水膨胀，致使边模或角模嵌在混凝土内。

治理方法：

（1）适时掌握拆模时间，以在拆模时混凝土强度达到不损伤表面和棱角为限；

（2）在梁、柱模板的边角处一定要预先将隔离剂涂刷到位，不宜遗漏；

（3）根据“热胀冷缩”的原理，在低温或使模板温度降低时拆除为宜。

13. 柱、梁、墙模板清扫口留置在何处合适？

情况说明：为避免混凝土柱、墙、梁一定部位出现夹渣、蜂窝、麻面、缺棱掉角等现象，须在支设模板时预留下渣滓清扫口。

注意事项：

（1）柱、梁柱节点、混凝土墙以及梯板的模板安装均应在其根部预留 100mm×100mm 的清扫口，清扫垃圾后再予封孔，防止接口处出现夹渣现象；

（2）柱、梁柱节点每根（处）留一个清扫口；

（3）混凝土每 3m 留置一个清扫口；

（4）在清扫完垃圾后再用木板将预留口封严实；柱、墙模板底部与地面（楼面）不严实还需用水泥砂浆封堵。

第七章　钢 筋 工 程

1. 钢筋原材质量缺陷如何治理？

（1）钢筋表面锈蚀怎么处理？

缺陷：钢筋表面出现黄色浮锈，严重的转为红色，日久后变成暗褐色，甚至发生鱼鳞片剥落现象。

处理方法：

1）淡黄色轻微浮锈不必处理；

2）出现红褐色锈的钢筋表面可采用手工（用钢丝刷刷或麻袋布擦）或机械方法（尽可能采用机械方法）除锈。盘条细钢筋可通过冷拉或调直过程除锈；粗钢筋采用专用除锈机除锈，如圆盘钢丝刷除锈机（在马达转动轴上安两个圆盘钢丝刷刷锈）。对于锈蚀严重，发生锈皮剥落现象的，因麻坑、斑点损伤截面的，应研究是否降级使用或另作处置。

（2）钢筋混放后怎么分辨开？

缺陷：钢筋品种、等级混杂不清，直径大小不同的钢筋堆放在一起，有技术证明与无技术证明的非同批原材料堆在一起，难以分辨，影响使用。

治理方法：发现混料情况后应立即检查并进行清理，重新分类堆放；如果翻垛工作量大，不易清理，应将该堆钢筋作出记号，以备发料时提醒注意；已发出去的混料钢筋应立即追查，并采取防止事故的措施。

（3）钢筋有严重曲折怎么处理？

缺陷：钢筋在运至仓库时发现有严重曲折形状。

治理方法：利用矫治台将弯折处矫直，对于曲折处圆弧半径较小的“硬弯”，矫直后应检查有无局部细裂纹。局部校正不直或产生裂纹的，不得用作受力筋。对 HRB335 级和 HRB400 级钢筋的曲折后果应特别注意。

(4) 钢筋两端强度差值怎么鉴定?

现象：经试验，每根钢丝两端抗拉强度差值过大；碳素钢丝大于 180N/mm²，刻痕钢丝大于 200N/mm²。

原因分析：钢丝制作时冷拔工艺不合理或操作不良。

治理方法：将钢丝两端剪除约 1m 长，再进行试验鉴定。

(5) 钢筋成型后弯曲处裂缝怎么处理?

缺陷：钢筋成型后弯曲处外侧产生横向裂缝。

治理方法：取样复查冷弯性能；取样分析化学成分，检查磷的含量是否超过规定值。检查裂缝是否由于原先已弯折或碰损而形成，如有这类痕迹，则属于局部外伤，可不必对原材料进行性能检验。

(6) 钢筋外形不圆怎样校正?

缺陷：钢筋外形不圆，略呈椭圆形。

治理方法：用卡尺抽测钢筋直径多点，并与技术标准对照，如误差在规定范围内，即可用于工程；如椭圆度较大，直径误差超过规定范围，通过计算确定钢筋截面积大小，对小于按原钢筋直径计算的截面面积，应予降级或按较小直径钢筋使用。对于螺纹钢筋，不易计算截面面积，应取样做拉伸试验，取试验总拉力，按原钢筋应有的截面面积确定屈服点和抗拉强度。

(7) 钢筋试件强度不足或冷弯性能不良怎么办?

缺陷：

1) 钢筋试件强度不足表现在一套钢筋试样中，取一根试件作拉力试验，另一根试件做冷弯试验，其中拉力试验所得的强度指标不符合技术标准要求；

2) 钢筋试件冷弯性能不良的表现在按规定作冷弯试验，其结果不符合技术标准要求。

治理方法：上述问题的治理方法均为：另取双倍数量的试件作第二次拉力试验，如仍有一根试件的屈服点、抗拉强度、伸长率中任一指标不合格，则该批钢筋不予验收，或做降级处理。

（8）热轧钢筋无标牌、材质不明确怎么处理？

缺陷：钢筋进库时无标牌，材质不明。

治理方法：每捆钢筋都需取样试验，以确定级别，无论任何情况，都不得用于重要承重结构作为主筋（不得已条件下，应根据工程实际情况，研究降级或充当较细钢筋使用）；非成盘钢筋，如考虑逐根取样浪费太大，根据实际情况充当较细钢筋或降级使用（如裂纹钢筋按 HPB300 使用）即可。

（9）钢筋有纵向裂缝怎么处理？

缺陷：为螺纹钢筋沿“纵肋”发现纵向裂缝，或在“螺距”部分有断续的纵向裂缝。

治理方法：作为直筋（不加弯曲）用于不重要构件，并且仅允许裂缝位于受力较小处；如裂缝较大可将该钢筋作报废处理。

2. 钢筋加工过程中的缺陷如何治理？

（1）沿钢筋全长有几处“慢弯”怎么调直？

缺陷：沿钢筋全长有一处或数处“慢弯”。

治理方法：直径为 14mm 和 14mm 以下的钢筋用钢筋调直机调直，粗钢筋用人工调直，可用手工成型钢筋的工作案子，将弯折处放在卡盘上的扳柱之间，用平头横口扳子将钢筋弯曲处扳直，要使用大锤配合打直，将钢筋进行冷拉以伸直。

（2）钢筋表面损伤怎么处理？

缺陷：冷拔低碳钢丝经钢筋调直机调直后，表面有压痕或划道等损伤。

处理方法：取损伤较严重的区段为试件，进行拉力试验和反复弯曲试验，如各项机械性均符合技术标准要求，钢丝仍按合格品使用；如不符合要求，则根据具体情况处理，一般仅允许用作架立钢筋或分布钢筋，而且在点焊网中应加强焊点质量检验。

（3）钢筋剪断尺寸不准怎么办？

缺陷：剪断尺寸不准或被剪钢筋端头不平。

治理方法：根据钢筋所在部位和剪断误差情况，确定是否可用或返工。

（4）钢筋调直切断时被顶弯怎么处理？

缺陷：使用钢筋调直机在切断过程中钢筋被顶弯。

治理方法：切下顶弯的钢筋，用手锤敲打平直后使用。

（5）钢筋在切断过程中被连切怎么办？

缺陷：使用钢筋调直机切断钢筋，在切断过程中钢筋被连切。

治理方法：发现连切应立即断电，停止调直机工作，检查原因并及时解决。

（6）箍筋不规方怎么处理？

缺陷：矩形箍筋成型后拐角不成 90°，或两对角线长度不相等。

治理方法：当箍筋外形误差超过质量标准允许值时，对于 HPB300 钢筋，以重新将弯折处直开，再进行弯曲调整，对于其他品种钢筋不得重新弯曲。

（7）钢筋成型不准怎么处理？

缺陷：钢筋长度和弯曲角度不符合图纸要求。

治理方法：当成型钢筋各部分误差超过质量标准允许值时，应根据钢筋受力特征分别处理。如其所处位置对结构性能没有不良影响，应尽量用在工程上，如弯起钢筋弯起点位置略有偏差或弯曲角度稍有不准，应经过技术鉴定确定是否可用。但对结构性能有重大影响的，或钢筋无法安装的，则必须返工，返工时如需要重新将弯折处直开，则仅限于 HPB300 钢筋返工一次，并应在弯折处仔细检查表面状况。

（8）点焊钢筋网片出现扭曲怎么办？

缺陷：钢筋点焊网片不平整或扭曲。

治理方法：观察网片是否平整，将有问题的放在平板上测量扭曲程度，轻微扭曲的用锤子局部敲打整平，较严重的用压杆校平。但是必须注意防止焊点受力脱落。

（9）成型钢筋变形怎么处理？

缺陷：钢筋成型时外形准确，但在堆放过程中发现扭曲、角度偏差。

治理方法：将变形的钢筋抬在成型案上校正，如变形过大，应检查弯折处是否有碰伤或局部出现裂纹，并根据具体情况处理。

（10）冷拉钢筋伸长率不合格怎么处理？

缺陷：取冷拉钢筋试件检验，所得伸长率指标小于技术标准所要求的数值。

治理方法：伸长率指标小于技术标准的冷拉钢筋属于不合格品，只能用作架立钢筋或分布钢筋，但是，冷拉钢筋作拉力试验应按规范规定，第一次结果中伸长率如不合格，则另取双倍数量的试件重做试验（包括拉力试验和冷弯试验），如果屈服点、抗拉强度、伸长率、冷弯诸指标仍有一项不合格，即应认为这批冷拉钢筋不合格。

（11）冷拉钢筋强度不足怎么办？

缺陷：取冷拉钢筋试件检验，所得屈服点或抗拉强度小于技术标准所要求的数值。

治理方法：强度不足的冷拉钢筋属于不合格品，必须降级使用，不过，作拉力试验时，第一次结果如强度不足，则另取双倍数量的试件重做试验。也可以调整控制冷拉率或控制应力值再次冷拉。

（12）冷拔钢筋断筋怎么办？

缺陷：拔制过程中钢丝断料。

治理方法：查清原因，找出解决问题的方法，修整好设备，再继续拔制。

（13）冷拔钢筋塑性差怎么办？

缺陷：取冷拔钢丝试件检验，所得伸长率小于技术标准所要求的数值，或反复弯曲次数达不到规定值。

治理方法：塑性不良的钢丝只能用作架立钢筋或分布钢筋，在任何情况下，不得用作构件吊钩。

（14）圆形螺旋筋直径不够怎么办？

缺陷：圆形螺旋筋成型方法通常采用手摇卷筒盘缠来实现，成型后缠绕直径不符合要求。

治理方法：超过质量标准允许偏差值时，可用合格直径的卷筒再行盘缠，直至调整合格。

（15）带肋钢筋套筒挤压连接，压空、压痕分布不均怎么防控？

现象：钢筋插入钢套筒的长度不够，压痕明显不均。

防控措施：

1）施工前，在钢筋上做好定位标志。定位标志距钢筋端部的距离为套筒长度的一半，检查标志与定位标志距离为 a，当钢套筒的长度等于或小于 200mm 时，a 取 10mm；当钢套筒长度等于或大于 200mm 时，a 取 15mm；

2）严格按套筒上的压痕分格线挤压，挤压时压钳的压接应对准套筒压痕标志，并垂直于被压钢筋轴线，挤压应从套筒中央逐道向端部压接。

（16）带肋钢筋套筒挤压连接，偏心、弯折如何防控？

现象：偏心、弯折主要表现为被连接钢筋的轴线与套筒的轴线不在同一轴线上，接头处弯折大于 4°。

防控措施：

1）摆正钢筋，使被连接钢筋处于同一轴线上，调整压钳，使压模对准套筒表面的压痕标志，并使压模压接方向与钢套筒轴线垂直，钢筋压接过程中，始终注意接头两端钢筋轴线应保持一致；

2）切除或调直钢筋弯头。

（17）带肋钢筋套筒外径变形过大、有裂纹怎么办？

现象：钢筋套筒压痕深度不够或超深并产生裂纹。

治理方法：钢筋套筒接头压痕深度不够时补压，经过两次仍达不到要求的压模，不得再继续使用，超压者应切除重新挤压。

（18）被连接钢筋两纵肋不在同一平面怎么治理？

现象：被连接钢筋两纵肋不位于同一平面。

治理方法：按照套筒压痕位置标记，对正压模位置，并使压模的运动方向与钢筋纵肋所在平面相垂直，即保证最大接触面在钢筋横肋上。

（19）钢筋代换后根数不能均分怎么处理？

缺陷：同一编号的钢筋分几处布置，因进行规格代换后根数变动，不能均分于几处。

治理方法：按新方法重新代换，或根据具体条件进行计算，补充不足部分。

3. 钢筋在安装操作中质量缺陷如何治理？

（1）骨架外形尺寸不准怎么办？

缺陷：在模板外绑扎的钢筋骨架，往模板内安放时发现放不进去，或划刮模板。

治理方法：将导致骨架外形尺寸不准的个别钢筋松绑，重新安装绑扎。切忌用锤子敲击，以免骨架其他部位变形或松扣。

（2）绑扎网片斜扭后怎么修整？

缺陷：绑好的钢筋网片在搬移、运输或安装过程中发生歪斜、扭曲。

治理方法：将斜扭网片调整过来，并加强绑扎，紧固结扣，增加绑点或加斜拉筋。

（3）平板保护层不准怎么办？

缺陷：浇灌混凝土前发现平板保护层厚度没有达到规范要求。

治理方法：浇捣混凝土前发现保护层不准，可以采用以上预防措施补救，如成型构件保护层不准，则应根据平板受力状态和结构重要程度，对平板采取加固措施，严重的则应报废。

（4）骨架吊装弯形怎么整治？

缺陷：钢筋骨架用吊车吊装入模时发生扭曲、弯折、歪斜等变形。

治理方法：变形骨架应在模板内或附近修整平复，严重的应拆散、矫直后重新组装。

（5）柱子外伸钢筋错位怎么修整？

缺陷：下柱外伸钢筋从柱顶甩出，由于位置偏离设计要求，与上柱钢筋搭接不上。

治理方法：在靠紧搭接不可能时，仍应使上柱钢筋保持设计位置，并采取垫筋焊接联系。

（6）框架梁插紧错位怎么修整？

缺陷：框架梁两端外伸钢筋，是准备与柱身侧向外伸插筋顶头焊接的，由于梁插筋错位，与柱插筋对不上，无法进行焊接。

治理方法：梁柱插筋如不能对顶施加坡口焊，只好采取垫筋焊接联系，但这样做会使框架接点钢筋承受偏心力，对结构工作很不利，因此，处理方案必须通过设计部门核实同意。

（7）同截面接头过多怎么修整？

缺陷：在绑扎或安装钢筋骨架时发现同一截面内受力钢筋接头过多，其截面面积占受力钢筋总截面面积的百分率超出规定数值。

治理方法：在钢筋骨架未绑扎时，发现接头数量不符合规范要求，应立即通知配料人员重新考虑设置方案，如已绑扎或安装完钢筋骨架才发现，则根据具体情况处理，一般情况下应拆除骨架或抽出有问题的钢筋返工，如果返工影响工时或工期太多，则可采用加焊帮条的方法解决，或将绑扎搭接改为电弧焊搭接。

（8）发现混凝土表面有钢筋露出怎么处理？

缺陷：结构或构件拆模时发现混凝土表面有钢筋露出。

治理方法：范围不大的轻微露筋可用灰浆堵抹，露筋部位附近混凝土出现麻点的，应沿周围敲开或凿掉，直至看不见孔眼为止，然后用砂浆抹平，为保证修复灰浆或砂浆与原混凝土结合可靠，原混凝土面要用水冲洗，用铁刷子刷净，使表面没有粉层、砂粒或残渣，并在表面保持湿润的情况下补修。重要受力部位的露筋应经过技术鉴定后，采取措施补救。

(9) 箍筋代换后截面不足怎么处理?

缺陷：绑扎钢筋时检查被代换的箍筋根数，发现截面不足。

治理方法：增加箍筋（如梁的钢筋骨架已绑好，则绑好的箍筋应松扣，以便重新布置箍筋间距）。

(10) 箍筋间距不一致怎么处理?

缺陷：按图纸标注的箍筋间距绑扎梁的钢筋骨架，最后发现每一个间距与其他间距都不一致，或实际所用箍筋数量与钢筋材料表上的数量不符。

原因分析：图纸上所标注间距为近似值，如按近似值绑扎，则间距或根数会有出入。例如，图 7-1（*a*）为图纸要求的箍筋间距，图 7-1（*b*）为绑扎钢筋骨架时从左向右画线，最末一个间距只有 50mm；钢筋材料表中写明箍筋数为 30 个，而实际上确需 31 个。

预防措施：根据构件配筋情况，预先算好箍筋实际分布间距，绑扎钢筋骨架时作为依据。例如，对图 7-1（*a*）所示的钢筋骨架，预先进行计算，则箍筋实际画线间距应为 $[60000-2\times(25+50)]\div(30-1)=202$mm。

有时，也可以按图纸要求的间距，从梁的中心点向两端画线，例如对如图 7-1 的梁，如果不经预先计算，而从梁的中心点向梁的两端画线，则如图 7-1（*c*）分布，两头箍筋间距为 225mm，固然超过标准容许误差。但是，如果梁长为 5980mm，则两头间距是 215mm，也就可以了。

治理方法：如箍筋已绑扎成钢筋骨架，则根据具体情况，适当增加一个或两个箍筋。

(11) 绑扎搭接接头松脱怎么处理?

缺陷：在钢筋骨架搬运过程中或振捣混凝土时，发现绑扎搭接接头松脱。

治理方法：将松脱的接头再用铁丝绑紧。如条件允许，可用

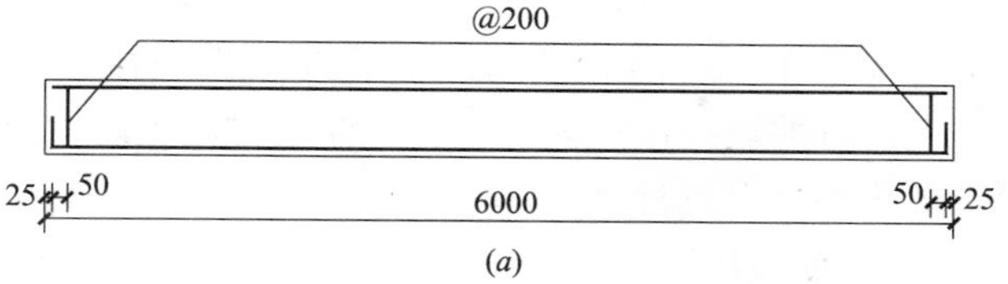

(*a*)

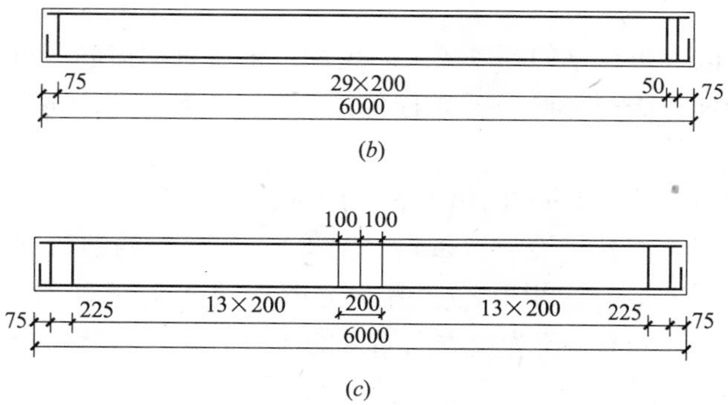

(*b*)

(*c*)

图 7-1　箍筋间距示意图

电弧焊焊上一两个点。

(12) 柱箍筋接头位置同向怎么补修?

缺陷: 柱箍筋接头位置方向同向，重复交搭于一根或两根纵筋上。

治理方法: 适当解开几个箍筋，转个方向，重新绑扎，力求上下接头互相错开。

(13) 框架柱钢筋错位怎么处理?

缺陷:

1) 框架柱内钢筋往往与箍筋绑扎不牢;

2) 模板刚度差，或柱筋与模板间固定措施不利;

3) 由于振动棒的振捣，使混凝土中的骨料挤压柱筋;

4) 振动棒振动柱钢筋，或采用沉梁法绑扎钢筋，使柱主筋被挤歪，产生位移从而改变了主筋的受力状态。

治理方法:

移位小于或等于 40mm 时，可采取按 1：6 的弯折比例进行搭接，错位大于 40mm 时，应用加垫筋或垫板焊接或凿去下部部分混凝土进行加筋焊接处理，或钻孔注浆锚固主筋，焊接及锚固长度按规范的规定执行。

（14）梁箍筋被压弯怎么处理？

缺陷：梁箍筋骨架绑成后，未经搬运，箍筋即被骨架本身重量压弯。

原因分析：梁的高度较大，但图纸未设置构造筋或拉筋。

治理方法：将箍筋压弯的钢筋骨架临时支上，补充纵向构造钢筋和拉筋。

（15）弯起钢筋方向错误怎么纠正？

缺陷：在悬臂梁中（如阳台挑梁），弯起钢筋的弯起方向放反，见图 7-2（*a*）甲、乙，图 *a* 为图纸要求的正确放置方法，见图 7-2（*b*）甲、乙为反方向错误的放置方法。虽然沿全长是等截面梁，但由于上、下面的预埋件配置不同，所以不能两面互换使用；在悬伸梁中，弯起钢筋上部平直部分两端长度不一样的，本应按图 7-2（*a*）放，却放成图 7-2（*b*）那样，原因是钢筋骨架入模疏忽。

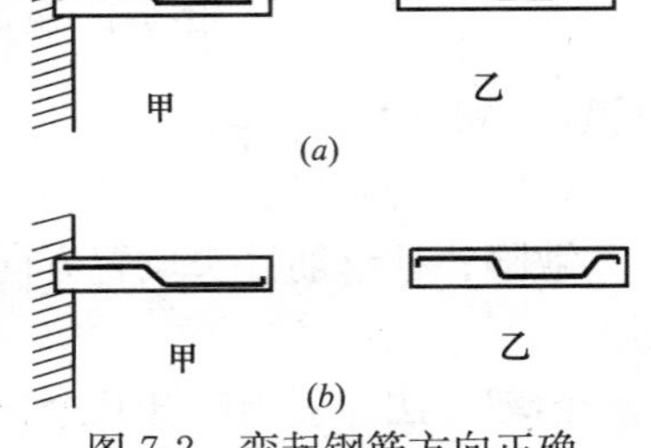

图 7-2　弯起钢筋方向正确与错误比较示意图

（*a*）正确的放置方法；

（*b*）错误的放置方法

治理方法：这类错误有时发现不了，将会造成隐患；也可能在安装下一个钢筋骨架时发现错误，未浇筋混凝土时及时调整更换，已浇灌混凝土的构件必须逐根凿开检查，通过结构受力条件计算，确定构件是否报废，或必须降级使用。

（16）混凝土墙体钢筋位移怎么纠正？

现象：墙体钢筋网片伸出筋位移，单片网片紧挨模板不居中，影响楼板及上下墙体连接的整体性，有时门、窗洞口两侧的加强筋位移，影响支模。

治理方法：调整影响楼板或其他构件安装部位的位移钢筋。调整方法：将钢筋根部下剔 3～5cm（根据移位大小决定），然后按 1∶6 坡度向所需弯折的方向弯绕。要轻轻地剔凿混凝土，防止墙体遭受破坏，如图 7-3 所示。

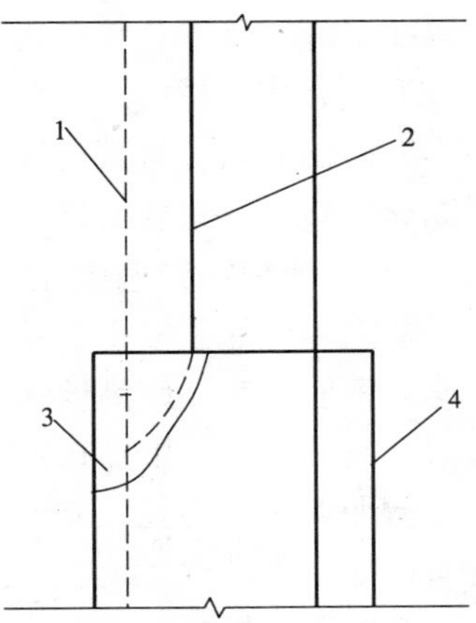

图 7-3 移位钢筋的纠正
1—钢筋错误位置；2—纠正后位置；3—此部分剔去；4—混凝土墙

（17）双层网片移位怎么办？

缺陷：配有双层网片的平板，一般常见上部网片向构件中部移位且向下沉落，但只有构件被碰损露筋时才能发现；原因在于网片固定方法不当；振捣碰撞。

治理方法：当发现双层网片移位情况时，构件已经制成，故应通过计算确定构件是否报废或必须降级使用。

（18）钢筋遗漏怎么补救？

缺陷：在检查核对绑扎好的钢筋骨架时，发现某号钢筋遗漏。

治理方法：漏掉钢筋全部补上。骨架构造简单者，将遗漏钢筋放进骨架，即可继续绑扎；复杂者要拆除骨架部分钢筋才能补上。对于已浇灌混凝土的结构物或构件，发现某号钢筋遗漏，则要通过结构性能分析来确定处理方案。

（19）绑扎节点松扣怎么办？

缺陷：搬移钢筋骨架时，绑扎节点松扣；或浇捣混凝土时绑扣松脱；原因在于绑扎用的火烧丝太硬或粗细不适当；绑扣形式不正确。

治理方法：将节点松扣处重新绑牢。

（20）柱钢筋弯钩方向怎么调整？

缺陷：柱钢筋骨架绑成后，安装时发现弯钩超出模板范围；

原因在于绑扎疏忽，将弯钩方向朝外。

治理方法：将弯钩方向不对的钢筋拆掉，调准方向再绑。切忌不拆掉钢筋而应将其拧转（因为这样做，不但会拧松绑扣，还可能导致整个骨架变形）。

（21）薄板露钩怎么办?

缺陷：浇灌混凝土后发现薄板表面露出钢筋弯钩；原因在于板薄，钢筋弯钩立起高度超过板厚，但钢筋绑扎一般规定或图上画的都是钩朝上，因而按习惯绑扎后造成露钩。

治理方法：绑扎完立即发现时，应松掉钢筋，并把弯钩转个方向；如已浇灌混凝土，则抠去露弯钩处的混凝土，用扳子或钳子将弯钩扭至板的厚度之内。

（22）基础钢筋倒钩怎么纠正?

缺陷：基础底面钢筋，钢筋弯钩平放。

治理方法：将弯钩平放的钢筋松扣，扶起后重绑。

（23）骨架歪斜怎么纠正?

缺陷：钢筋骨架绑完后或堆放一段时间后产生歪斜现象。

治理方法：根据骨架歪斜状况和程度，进行修复或加固。

（24）钢筋网主、副筋位置放反怎么处理?

缺陷：构件制作时，钢筋网主、副筋位置上下放反。按图纸要求应如图 7-4（*a*）所示，而操作时误按图 7-4（*b*）放置钢筋网。

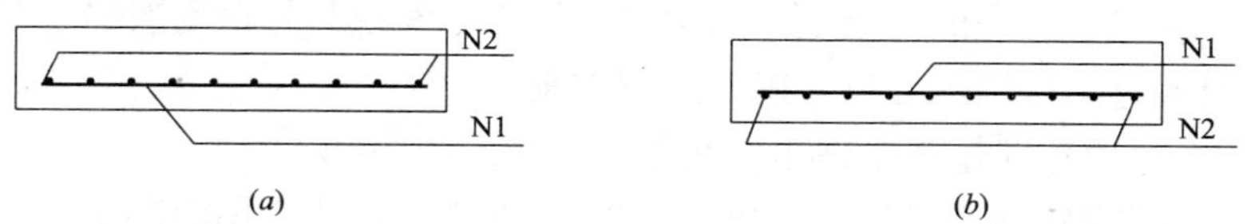

图 7-4　钢筋网主、副筋放反示意图

（*a*）正确图示；（*b*）错误图示

治理方法：钢筋网主、副筋位置放反，但已浇灌混凝土，必须通过设计单位复核后，再确定是否采取加固措施或减轻外加荷载。

（25）曲线形状不准怎么办？

缺陷：绑扎好带有曲线形状钢筋的骨架，安装入模时发现外形不适应模板要求。

治理方法：曲线筋形状不准的不能入模，必须将骨架拆卸，校正不合格的曲线筋，再按图纸要求的外形重新绑扎。

（26）钢筋位移如何防控？

防控措施：

1）大型设备基础造型复杂，内埋设有大量的地脚螺栓，水、电、风、油、滑润管道，工序繁多，配套复杂，因此钢筋安装时要注意顺序。一般程序是：底板钢筋在侧模支设前进行安装；外侧钢筋在外壁模板安好后安装；基础内侧钢筋，在内膜支设前安装或穿插钢筋；对埋设在基础内的各种水、通风、油管、电缆管道及自动装置用管道，必须在钢筋安装前进行安装。

2）钢筋数量多、规格多、间距不一时，为使钢筋安装位置正确、不位移，可采用卡尺临时固定防止钢筋位移。

定位具体做法是：安装时钢筋逐根清点，根据钢筋绑扎用料的先后，将成捆的成型的钢筋用吊车或天车沿基坑两侧吊入基坑安装部位，再用人工按照平面总图及侧面展开图上的编号、位置，按照顺序水平分散绑扎。

3）为使绑扎后的钢筋网格方正划一，间距尺寸正确，应在垫层或模板上画线，或采用5m长卡尺或钢筋梳子按照绑扎图先在钢筋两端用卡尺的槽口卡牢钢筋，待钢筋绑牢固后，去掉卡尺，即成要求间距网片；对墙内钢筋则设角钢线杆控制。

4）采用M20水泥砂浆制成不同厚度的带铁丝预制垫块，在钢筋底部或墙内钢筋侧面按一定距离绑扎垫块，以控制钢筋的保护层，避免下挠，保证平整，如图7-5所示。

（27）现浇板钢筋踩踏如何防治？

现象：

浇筑现浇板中混凝土时，其上部钢筋很容易受到踩踏，使钢筋变形、倒伏凌乱，尽管边浇筑边整理，也难以确保钢筋工程的

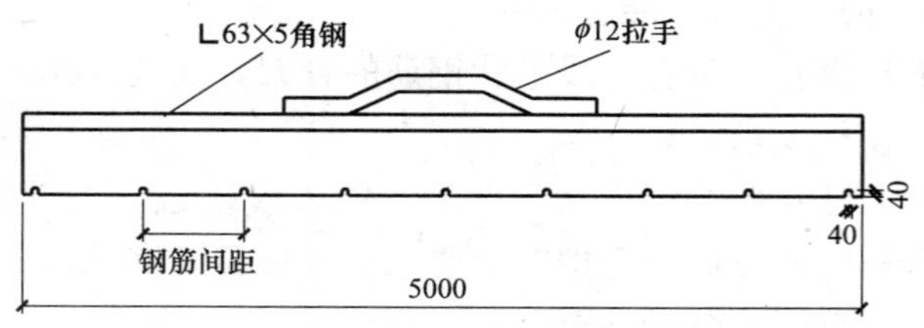

图 7-5　用卡尺防止钢筋位移法示意图

质量，可加设矮马凳解决这一问题。

防治措施：

1）用直径 500mm，长度为 770mm 的钢管，在距其两端约 70mm 处，各焊直径不小于 14mm 的钢筋八字腿，八字腿底脚叉开，宽度以 180mm 为宜。另外，在钢筋的两端各焊一根直径不小于 8mm 的竖向钢筋头，上部高出 20～30mm，用以挡住铺设在钢筋上面的跳板，以免向外滑动，这就形成一个矮马凳，如图 7-6 所示；

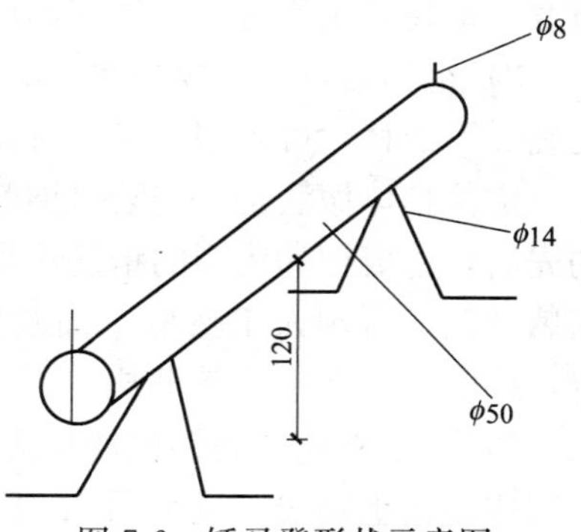

图 7-6　矮马凳形状示意图

2）矮马凳腿高为 120mm，极适合厚度在 120mm 以内的现浇板施工。该马凳上可并铺设 3 块 250mm 宽的脚手板；在使用时，可根据现场实际情况及施工要求，以两个或三个矮马凳为一组，任意组合，摆放在已绑扎好钢筋等待浇筑的现浇板底模板上；再在矮马凳上铺设脚手板，使其在现浇板的钢筋网上面，形成一个矮马凳操作平台。施工人员及运料小车，均可在矮马凳平台上操作，杜绝钢筋踩踏变形的现象。

这种矮马凳操作平台的拆、搬、组合很方便，矮马凳结构简单、现场制作容易，可全部利用钢筋、管材的下脚料。矮马凳周转率高，使用方便且使用范围广，实践证明效果很好。

需要注意的是，制作矮马凳的钢筋直径应等于或大于14mm，而且逐个焊接牢固。在使用中，如果作为运料车道用，铺设在矮马凳上的脚手板之间及脚手板对头处，应用铁丝绑扎牢固。

4. 钢筋焊接质量缺陷如何防治?

（1）钢筋气压焊接不同轴怎样避免?

防控措施：

1）钢筋下料宜使用无齿锯，下料长度应考虑钢筋焊接后的压缩量，每个接头的压缩量约为 $1.0d$～$1.5d$（d—所焊钢筋直径，下同）。接头位置、同一截面内接头数量应符合验收规范要求。

2）施焊前，应用角向磨光机对钢筋端部稍微倒角，并将钢筋端面打磨平整，钢筋端面与钢筋轴线要基本垂直，清除氧化膜，露出光泽，并清除钢筋端头 100mm 范围内的锈蚀、油污、水泥等。

3）将钢筋安装就位。方法是将所需的两根钢筋用焊接夹具分别夹紧并调整对正，使两钢筋的轴线在同一直线上。钢筋对正后，施加初始轴向力顶紧，局部缝隙不得大于 3mm。

4）接头开始施焊时，应先将焊炬的火焰调校为碳化焰（即还原焰 O_2/C_2H_2＝0.85～0.95）火焰形状要光实。

5）钢筋加热加压方法。在焊接的开始阶段采用碳化焰，对准两根钢筋接缝处集中加热，此时须使内焰包围着钢筋缝隙，以防钢筋端面氧化，同时增大轴向压力。当两根钢筋端面的缝隙完全闭合后，将火焰调整为中性焰（O_2/C_2H_2＝1～1.1），以加快加热速度。此时操作焊炬，使火焰在焊面沿钢筋长度的上下约 $2d$ 范围内进行均匀往复加热，使温度在 1150～1250℃，随后进行最终加压至 30～40MPa，使压焊部位的膨鼓达到 $1.4d$ 以上，镦粗区长度为 $1.2d$ 以上，镦粗区形状平稳圆滑，没有明显凸起和塌陷。即可停止加速。

6）当钢筋接头温度降低，接头处红色大致消灭后，卸去压力，然后卸下夹具，使焊件在空气中冷却。

7）钢筋气压焊接完后应对每一个接头进行外观检查修整。

（2）钢筋电弧焊焊缝成型不良怎么办?

缺陷：焊缝表面凹凸不平，宽窄不均。这种缺陷虽然对静载强度影响不大，但容易产生应力集中，对承受动载不利。

治理方法：仔细清渣后精心补焊一层。

（3）钢筋电弧焊烧伤钢筋表面怎么处理?

缺陷：钢筋表面局部有缺肉或凹坑，电弧烧伤钢筋表面对钢筋有严重的脆化作用，这往往是发生脆性破坏的起源点。

治理方法：在外观检查中发现 HRB335 与 HRB400 钢筋有烧伤缺陷时，应予以铲除抹平，视情况焊补加固，然后进行回火处理。回火温度一般以 500～600℃为宜。

（4）钢筋电弧焊产生裂纹怎么处理?

缺陷：按裂纹产生的部位不同，可分为纵向裂纹、横向裂纹、融合线裂纹、焊缝根部裂纹、弧坑以及热影响区裂纹等；按其产生的温度和时间的不同，可分为热裂纹和冷裂纹两种。

治理方法：无论属于哪一种，均要在焊后仔细检查，如发现有裂纹，即应铲除重新焊接。

（5）电渣压力焊施焊柱子竖向钢筋，钢筋上下不同轴错台如何处理?

治理方法：首先将钢筋上下不同轴的两根钢筋切割开，实施重新焊接。

操作流程为：

1）切除—清渣（120mm 范围内）——焊药经 250℃烘烤；

2）钢筋置于夹具钳口内，使钢筋在同一轴线上并夹紧，不得晃动，以防上下钢筋错位和夹具变形；

3）采用手工电流压力焊施焊；

4）对焊完毕后要逐个进行外观检查。确保焊缝均匀，接头处钢筋轴线的偏移在允许偏差之内。

（6）钢筋闪光对焊异常现象、焊接缺陷如何防控？

缺陷一：烧化过分剧烈并产生强烈的爆炸声

防控措施：

1）降低变压器级数；

2）减慢烧化速度。

缺陷二：闪光不稳定

防控措施：

1）清除电极底部和表面的氧化物；

2）提高变压器级数；

3）加快烧化速度。

缺陷三：接头中有氧化膜、未焊透或夹渣

防控措施：

1）增加预热程度；

2）加快临近顶锻时的烧化速度；

3）确保带电顶锻过程；

4）加快顶端速度；

5）增大顶锻压力。

缺陷四：接头有缩孔

防控措施：

1）降低变压器级数；

2）避免烧化过程过分强烈；

3）适当增大顶锻预留量及顶锻压力。

缺陷五：焊缝金属过烧或热影响区过热

防控措施：

1）减小预热程度；

2）加快烧化速度，控制焊接时间；

3）避免过多带电顶锻。

缺陷六：接头区域裂纹

防控措施：

1）检验钢筋的碳、硫、磷含量；若不符合规定时，应更换钢筋；

2）采取低频预热方法，增加预热程度。

缺陷七：钢筋表面微熔及烧伤

防控措施：

1）清除钢筋被夹紧部位的铁锈和油污；

2）清除电极内表面的氧化物；

3）改进电极槽口形状，增大接触面积；

4）夹紧钢筋。

缺陷八：接头弯折或轴线偏移

防控措施：

1）正确调整电极位置；

2）修整电极钳口或更换已变形的电极；

3）切除或矫直钢筋弯头。

（7）点焊制品焊接缺陷如何防控？

缺陷一：焊点过烧

产生原因：

1）变压器级数过高；

2）通电时间过长；

3）上下电极不对中心；

4）继电器接触失灵。

防控措施：

1）降低变压器级数；

2）缩短通电时间；

3）切断电源，校正电极；

4）调节间隙，清除触点。

缺陷二：焊点脱落

产生原因：

1）电流过小；

2）压力不够；

3）压入深度不足；

4）通电时间太短。

防控措施：

1）提高变压器级数；

2）加大弹簧压力或调大气压；

3）调整两电极间距离符合压入深度要求；

4）延长通电时间。

缺陷三：钢筋表面烧伤

产生原因：

1）钢筋和电极接触表面太脏；

2）焊接时没有预压过程或预压力过小；

3）电流过大；

4）电极变形。

防控措施：

1）清刷电极与钢筋表面铁锈和油污；

2）保证预压过程和适当的预压压力；

3）降低变压器级数；

4）修理或更换电极。

（8）钢筋电渣压力焊接头焊接缺陷如何防控？

缺陷一：轴线偏移

防控措施：

1）矫直钢筋端部；

2）正确安装夹具和钢筋；

3）避免过大的挤压力；

4）及时修理或更换夹具。

缺陷二：弯折

防控措施：

1）矫直钢筋端部；

2）注意安装与扶持上钢筋；

3）避免焊后过快卸夹具；

4）修理或更换夹具。

缺陷三：焊包薄而大

防控措施：

（1）减低顶压速度；

（2）减小焊接电流；

（3）减小焊接时间。

缺陷四：咬边

防控措施：

1）减小焊接电流；

2）缩短焊接时间；

3）注意上钳口的起始点，确保钢筋挤压到位。

缺陷五：未焊合

防控措施：

1）增大焊接电流；

2）避免焊接时间过短；

3）检修夹具，确保上方钢筋下送自如。

缺陷六：焊包不均

防控措施：

1）钢筋端面力求平整；

2）填装焊剂尽量均匀；

3）延长焊接时间，适当增加熔化量。

缺陷七：气孔

防控措施：

按规定要求烘焙焊剂。

缺陷八：烧伤

防控措施：

1）钢筋导电部位除净铁锈；

2）尽量夹紧钢筋。

缺陷九：焊包下淌

防控措施：

1）彻底封堵焊剂灌得漏孔；

2）避免焊后过快回收焊剂。

（9）钢筋气压焊接头焊接缺陷如何防控？

缺陷一：轴心偏移（偏心）

产生原因：

1）焊接夹具两夹头不同心；

2）钢筋接合面倾斜；

3）钢筋未夹紧即进行焊接；

4）焊接夹具拆卸过早。

防控措施：

1）检查夹具，及时修理或更换；

2）切平钢筋端面；

3）夹紧钢筋再焊；

4）熄火后 0.5min 再拆夹具。

缺陷二：弯折

产生原因：

1）焊接夹具两夹不同心；

2）钢筋接合端面倾斜；

3）焊接夹具拆卸过早。

防控措施：

1）检查夹具，及时修理或更换；

2）切平钢筋端面；

3）熄火后 0.5min 再拆夹具。

缺陷三：镦粗长度不够

产生原因：

1）加热幅度不够宽；

2）顶压力过大过急。

防控措施：

1）增大加热幅度范围；

2）加压时应平稳。

缺陷四：压焊面偏移

产生原因：钢筋两端头加热幅度不合适。

防控措施：

1）同径钢筋两端加热幅度应对称；

2）异径钢筋加热时，对较大直径钢筋加热时间稍长。

缺陷五：环向裂纹

产生原因：

1）加热温度过高；

2）钢筋中碳元素过高。

防控措施：

1）适当降低加热温度；

2）检查钢筋化学成分。

缺陷六：钢筋表面严重烧伤或接头金属过烧

产生原因：

1）钢筋表面严重烧伤；

2）接头金属过烧。

产生原因：

1）火焰功率过大；

2）加热时间过长；

3）加热器摆动不均。

防控措施：调节正确的加热火焰，掌握合理的操作方法。

缺陷七：未焊合（呈灰色平破面）

产生原因：

1）加热温度不够或热量分布不均；

2）顶压力过小；

3）接合端面不洁；

4）端面氧化；

5）中途无火或火焰不当。

防控措施：合理选择焊接参数，正确掌握操作方法。

第八章　混凝土工程

1. 混凝土施工一般常见问题防治

(1) 混凝土外观质量缺陷如何修整?

1) 蜂窝

蜂窝是指混凝土表面无水泥浆，露出石子的深度大于 5mm，但小于保护层厚度的缺陷。

表现：局部酥松，砂浆少、石子多，石子之间出现类似的蜂窝状的大量孔隙，使结构受力截面受到削弱，强度和耐久性降低。

治理方法：

① 对小蜂窝，用水洗刷干净后，用 1∶2 或 1∶2.5 水泥砂浆压实抹平；

② 对较大蜂窝，先凿去蜂窝处薄弱松散的混凝土和突出颗粒，刷洗干净后支模，用高一强度等级的细石混凝土仔细强力填塞捣实，并认真养护；

③ 较深蜂窝如清除困难，可埋压浆管和排气管，表面抹砂浆或支模灌注混凝土封闭后，进行水泥压浆处理。

2) 孔洞

孔洞是指深度超过保护厚度，但不超过截面尺寸 1/3 的缺陷。

表现：结构内部有尺寸较大的窟窿，局部或全部没有混凝土；或蜂窝孔隙特别大，钢筋局部或全部裸露。

治理方法：

① 对混凝土孔洞的处理，应与有关单位共同研究，制定修补或补强方案，经批准后方可处理；

② 处理现浇混凝土梁、柱的孔洞应首先采取安全措施，在梁底用支撑支牢，然后将孔洞处不密实的混凝土和凸出的石子颗粒剔凿掉，要凿成斜行，避免有死角，以便浇筑混凝土。

为使新旧混凝土结合良好，应将剔凿好的孔洞用清水冲洗，或用钢丝刷仔细清刷，并充分湿润，保持湿润72h后，用比结构高一强度等级的半干硬性豆石混凝土仔细分层浇筑，强力捣实并养护。为避免新旧混凝土接触面上出现收缩裂缝，可掺膨胀剂补偿收缩。凸出结构面的混凝土，须待达到50%强度后再凿去，表面用1∶2水泥砂浆抹光，如图8-1所示。

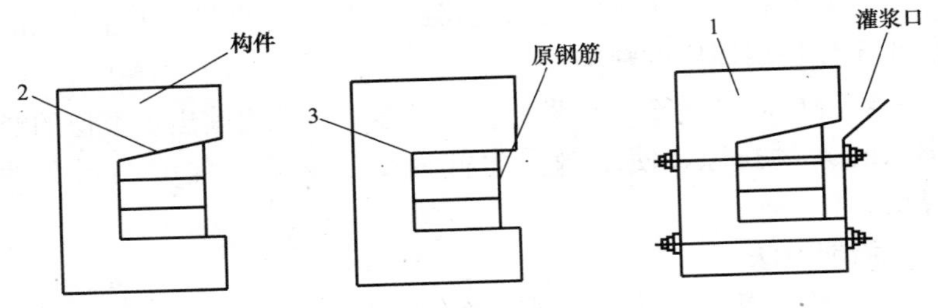

图8-1 修补混凝土孔洞示意图

1—构件；2—孔洞处凿成斜形；3—死角

③ 对面积较大且深进的孔洞，在按2）项清理后，在内部埋入压浆管、排气管，填充碎石（粒径10～20mm），表面抹砂浆或浇筑薄层混凝土，然后用水泥压力灌浆方法进行处理，使之密实。

3）麻面

麻面是指混凝土表面出现缺浆和许多小凹坑与麻点，形成粗糙面，影响外表美观、但无钢筋外漏现象。

治理方法：

① 表面尚需装饰抹灰的，可不做处理；

② 表面不再做装饰的，应在麻面部分浇水充分湿润后，用原混凝土配合比（去石子）砂浆，将麻面抹平压光，使颜色一致。修补完后，应用草帘或草袋进行保湿养护。

4）露筋

露筋是指钢筋混凝土结构内部主筋、副筋或箍筋等裸露在表面，没有被混凝土包裹。

治理方法：

① 对表面露筋，刷洗干净后，用1∶2或1∶2.5水泥砂浆将露筋部位抹压平整，并认真养护；

② 如露筋较深，应将薄弱混凝土和凸出的颗粒凿去，刷洗干净后，用比原来高一强度等级的细石混凝土填塞密实，并认真养护。

5）缺棱掉角

缺棱掉角是指结构构件边角处或洞口直角边处的混凝土局部脱落，造成截面不规则，棱角缺损。

治理方法：

① 较小的缺棱掉角，可将该处松散颗粒凿除，用钢丝刷刷干净，清水冲洗并充分湿润后，用1∶2或1∶2.5的水泥砂浆抹补整齐；

② 对较大的缺棱掉角，可将不实的混凝土和凸出的颗粒凿除，用水冲刷干净湿透，然后支模，用比原混凝土高一强度等级的细石混凝土填灌捣实，并认真养护。

6）松顶

松顶是指混凝土柱、墙、基础浇筑后，在距顶面50～100mm高度内出现粗糙、松散的现象。

现象：表面有明显的颜色变化，内部呈多孔，基本上是砂浆，无石子分布其中，强度较下部低，影响结构的受力性能和耐久性，经不起外力冲击和磨损。

治理方法：将松动顶部砂浆层凿去，刷洗干净充分湿润后，用高一强度等级的细石混凝土填筑密实，并认真养护。

7）缝隙、夹层

缝隙、夹层是指混凝土层内存在水平或垂直的松散混凝土或夹杂物，使结构的整体性受到破坏。

治理方法：

① 缝隙夹层不深时，可将松散混凝土凿去，刷洗干净后，用1∶2或1∶2.5的水泥砂浆强力填嵌密实；

② 缝隙夹层较深时，可清除松散部分和内部夹杂物，用压力水冲洗干净后支模，强力灌细石混凝土捣实，或将表面封闭后进行压浆处理。

（2）混凝土结构外观连片蜂窝、露筋如何修整？

治理方法：

1）面积较小且数量不多的蜂窝或露石的混凝土表面，可用1∶2～1∶2.5的水泥砂浆抹平，在抹砂浆之处，必须用钢丝刷或加压法刷基层。

2）较大面积的蜂窝和露筋应按其全部深度凿去薄弱的混凝土层和个别突出的骨料颗粒，然后用钢丝刷或加压法刷表面，再用比原混凝土强度等级高一级的细骨料混凝土填塞，并仔细捣实。

3）对影响混凝土结构性能的缺陷，必须会同设计等有关单位研究制定出方案，然后按方案进行处理。

（3）混凝土墙体起泡原因及如何治理？

现象：墙面有数量较多的大面积起泡。

原因分析：多是由于发泡型减水剂（如MF减水剂）等掺量过多，混凝土坍落度过大，导致振捣不密实；或者是混凝土浇灌时一次下料太多，振捣时气泡排不出，而集结在混凝土墙面上。

治理方法：将气泡表面酥皮铲掉，刮上腻子，再将气泡堵死。一般只用大白腻子，不宜采用108胶或其他腻子。

（4）混凝土墙面粘连，缺棱掉角怎么补？

现象：墙体拆模时，大模板上粘连了较大面积的混凝土表皮，现浇墙体上口及门洞口拆模后缺棱掉角。

治理方法：

1）严重的大面积粘连、麻面必须在拆模后随即修补。修补时先将浮石松动的渣子清理干净，然后用1∶1水泥砂浆分层抹平，并将表面认真压光，达到要求的平整度；

2）小面积的粘连、麻面可在拆模后立即用 108 胶水泥腻子刮 1～2 道找平；

3）缺棱掉角亦宜在拆模后即修补。先刷一道水泥素浆然后用水泥砂浆分层补平。

（5）混凝土板面粘连，局部破损与露筋怎么修？

现象： 拆模后，由于粘连作用导致局部混凝土破损，使板层和板面凹凸不平露石或露筋。造成此类问题的原因多是隔离剂配制使用不当或施工不当。

治理方法：

1）应及时处理掉粘结在板上的混凝土残块；

2）板层粘结损坏部位可用水泥∶纸筋灰∶砂＝1∶1∶4（体积比），或用水泥∶纸筋灰∶膨胀珍珠岩＝1∶3∶8（体积比）的砂浆，按照损坏深度分层修补平整、露筋部分宜用水泥砂浆修补；

3）板面如发生大面积粘连，宜在清洗板面后，增抹水泥砂浆面层。局部小面积粘连，可用 108 胶拌制的水泥砂浆分层修补平整。

（6）现浇混凝土楼板局部下沉弯曲怎么办？

现象： 楼板表面成波浪形，柱四周或楼板标高于跨中，呈盆状。

治理方法： 板面变形及局部沉陷，可在作地面工程时找平弥补；板层变形时，可将明显部位凿毛，补浆。

（7）阶梯形基础出现“烂脖子”现象怎样防控？

现象： 阶梯形混凝土基础即像放脚砖基础，呈台阶状。如果在浇筑混凝土时不分层不停歇地一次浇筑完成，即会在上一个台阶的根部涌现振捣不密实的混凝土，余浆、蜂窝、浆疙瘩等。俗称“烂脖子”。

防控措施： 基础混凝土宜分层连续浇灌完成。对于阶梯形基础，每一台阶高度内应整体浇捣，每浇灌一台阶应稍停 0.5～1h，使其初步获得沉实，再浇灌上层，以防止下台阶混凝土溢出，在上台阶根部形成“烂脖子”，每一台阶浇筑完，表面应基本抹平。

(8) 浇筑竖向结构时，怎样防控烂根现象发生？

防控措施：在浇筑竖向结构的混凝土如柱子或墙时，应在底部先填5～10cm厚的与混凝土内砂浆成分相同的水泥砂浆（即混凝土中去掉石子的砂浆）。也可以将5～10cm范围内浇筑的混凝土石子减去一半。这样可以使上下层结合密实，防控出现烂根现象。

(9) 墙体烂根如何处理？

现象：混凝土墙根与楼板接触位置出现蜂窝、麻面或露筋，有的墙根内夹有木片、水泥等杂物。

治理方法：

1) 对于烂根较严重的部位，应先将表面蜂窝、麻面部分凿除，再用1∶1水泥砂浆分层抹平。此项工作必须在拆模后立即进行；

2) 对于已夹入木片、草绳、纸袋的烂根部位，在拆模后立即将夹杂物彻底剔除，然后捻入高标号砂浆，必要时可在砂浆中稍掺加细石；

3) 对于轻微的麻面，可以在拆模后立即铲除显出黄褐色砂子的表面，然后刮一道108胶水泥腻子。如不是在拆模后立即进行，必须剔除表面层，用水湿润，然后刮一道108胶水泥腻子。

(10) 在浇筑厚度较大的混凝土时，怎样避免留下斜向施工缝？

在浇筑厚度较大的混凝土时，不能一次性浇筑过厚。因为这样操作很可能因为振捣后混凝土流动形成一个斜槎。若混凝土厚度较大，而斜槎较长，很可能出现先流动远处的混凝土已经凝固，而后续混凝土尚未接上，这样出现一道斜向施工缝，造成整体性不好。

防控措施：厚大的混凝土浇筑时应采取分层浇筑方法；若采

用插入式振捣器，浇筑层厚度可视情况按振捣器作用长度的1.25倍掌握。

（11）在浇筑超厚、超长的整体钢筋混凝土结构时，怎样避免产生表面和贯穿性裂缝？

对超厚、超长的整体钢筋混凝土结构，由于其结构截面大，水泥用量多，水泥水化后释放的水化热会产生较大的温度变化和收缩作用，会导致混凝土产生表面裂缝和贯穿性或深进裂缝，影响结构的整体性、耐久性和防水性。因此，对于大体积混凝土在浇灌前，要采取有效措施，来预防裂缝的产生。

防控措施：

1）采用中低发热量的水泥，以减少水泥水化热；

2）利用混凝土后期强度和掺加减水剂，以减少水泥用量；

3）控制砂石含泥量，以减少混凝土收缩，提高混凝土抗拉强度。

（12）混凝土上下层接缝怎样振捣才能避免？

防控措施：要选用插入式振捣棒（一般适用于基础、柱、梁、墙及较厚、较大的板和预制构件等），振捣时应注意：

1）插入点要均匀排列，间距不能超过振捣棒作用半径的1.5倍，振捣棒距模板的距离为其作用半径的0.7倍；

2）插入式振捣器操作时应注意快插慢拔，不能因为拔棒快而在混凝土中留有棒孔；

3）振捣时应注意振捣棒不能碰撞钢筋、模板及预埋件和预埋线管等；

4）分层振捣时厚度不能超过棒长的1.25倍，且振捣一层混凝土时棒头应插入下一层混凝土中5cm深处，以便上下层溶合在一起，避免产生接缝；

5）每棒插入时间，应以混凝土表面流平，出现水泥浆，且不再出现气泡或不显著坍落为宜。一般不少于20～30s。振捣时间过短可能出现不实，振捣时间过长可能出现泡沫和离析现象；

6）遇到钢筋较密的混凝土，可以用细棒或片式振捣器来振捣。

(13) 在遇有斜坡混凝土面时，怎样浇筑才能做到既密实又不流坠？

保证措施：要选用平板振捣器（平板振捣器适用于楼板、地面包括斜面等构件），使用时应注意：

1) 分段振捣。振捣时要平拉慢走，顺序前进。第二步应使平板压过第一步边缘5cm左右，以防漏振；

2) 振捣器在一个位置振捣时间一般在25～40s，使混凝土停止下沉并往上泛浆，且使表面平整为宜；

3) 平板振捣器有效作用深度，在无钢筋或有单层钢筋的混凝土中一般为20cm，在双层钢筋的混凝土中一般为12cm左右，使用时应注意混凝土的厚度；

4) 在振捣斜坡混凝土时，应注意从下往上振捣，以保证混凝土的密实。

(14) 在遇有钢筋特密、又较薄的混凝土板时，怎样才能振捣密实不留孔洞？

保证措施：要选用附着式振捣器。使用附着式振捣器主要是将振捣器牢固地挂在模板上，通过对模板的振动而使混凝土密实（主要适用于钢筋特密不容易进棒而且厚度又薄的墙板等工程），使用时应注意：

1) 附着式振捣器作用厚度约25cm左右，所以对较厚的构件应两侧同时安装附着式振捣器。在钢筋特密时，可以一边浇灌一边振动；

2) 工作间距为1～1.5m。

还有一种振捣器是振动台，一般只有构件厂使用，使用时应注意：

构件的厚度一般不超过20cm的可一次灌满，超过20cm厚的构件应分层浇灌分层振动。

(15) 在浇筑与柱和墙梁连接成整体的梁板时，怎样避免柱墙出现“断颈”现象？

防控措施：在整体现浇柱、墙和梁板结构工程时，先浇筑柱子和墙的混凝土，然后再浇筑梁和板的混凝土。但是，在柱子和墙的混凝土浇筑后应停歇1～2h，而后才能继续浇筑梁和板的混凝土。其目的是为了使柱子和墙的混凝土有一定的沉落时间，以防止柱子和墙的顶部出现“断颈”现象。

（16）现浇内墙板高于外墙板怎么办？

现象：在外板内模工程中，现浇内墙往往高于外板墙，使建筑物层高及总高度增加，有时造成外墙壁板水平缝过大。

治理方法：发现层高超高后，应立即采取措施，在上一层施工时加以纠正，避免造成内、外墙累积高差。

（17）混凝土墙体裂缝怎么修？

现象：墙体裂缝一般在施工过程中均出现于门洞口顶部及内外墙交接处；竣工后又多出现于顶层，沿外墙呈“八”字形。内墙面无洞口处也常有开裂。裂缝宽度不一，最大的可超过1mm。

治理方法：

1）裂缝较大者（超过0.25mm），可用环氧腻子或108胶水泥腻子压进缝隙内封闭；

2）关键部位或严重开裂的部位，应用环氧树脂灌浆的方法进行补强封闭，但宜在裂缝开展稳定后再进行。

（18）墙体垂直偏差大怎么补救？

现象：墙体垂直偏差过大，超过规范要求。有的整个一道墙都很严重，有的只是一端倾斜严重，墙体垂直偏差过大将影响楼板支搭长度，也易造成墙体局部支承压力增大。

治理方法：

1）垂直偏差在3mm以下的，可将部分墙面凿毛，用108胶水泥浆刮平，超过3mm而在15mm以内的，将部分墙面凿毛后，宜用水泥砂浆找平。此项工作应在拆模后立即进行；

2）垂直偏差严重者（全高垂直偏差超过30mm），应在拆模后立即将混凝土凿掉，重新支模浇灌混凝土；

3）如墙体垂直偏差大，楼板两端压墙长度不足2cm时，应会同有关部门共同研究处理。

(19) 墙体凹凸不平怎么修理?

现象: 现浇混凝土墙体拆模后，墙面凹凸不平，有的局部凹瘪，有的成连续波形，有的局部鼓包（用 2m 靠尺检查时凹凸超过±4mm)。

治理方法:

1) 对现有模板进行彻底检修整理；

2) 对凹凸不平的墙面应在拆模后立即进行修补。修补办法：先剔毛表面，将鼓起部分凿掉，然后用水泥砂浆找平。

(20) 门（洞）口位移，口角蜂窝、麻面、露筋怎么办?

现象: 拆模后预留门口扭曲、歪曲、不方正。门洞口预留位置不正。尤其是门洞口常设有小断面柱子，容易出现严重蜂窝、麻面。后立门口的预埋木砖容易在振捣混凝土时移位，甚至找不到。

治理方法:

1) 对于已造成位移、变形的门洞口，应将多余的混凝土凿至设计标高位置，凿毛部位可用水泥砂浆或 108 胶找平、顺直。此项工作可在拆模后立即进行；

2) 先立口变形较大时，应剔掉门框四周混凝土，将门框取出并重新修整方正，同时将门框四周混凝土剔凿找平，已达到设计要求的洞口尺寸。待混凝土达到一定强度后，再用膨胀螺栓将门框固定在混凝土墙上。

(21) 混凝土墙体强度不均匀怎么处理?

现象: 墙体上部混凝土强度较低，墙体下部强度较高，从脱模粘连情况也可以看出，墙体上部粘连严重，下部则很少有粘连。

治理方法: 冬期或低温施工阶段，混凝土强度偏低部位，可采用远红外线辐射器烘烤等办法局部加热处理。

(22) 阴角不方正、不垂直怎么处理?

现象: 拆模后在纵、横墙交接处，以及外墙与内墙交接处阴角不方正、不垂直。

治理方法：拆除完模板后立即进行修补。修补方法：先用靠尺、线锤和方尺检查，然后进行剔凿，再用108胶水泥砂浆补平压光。

（23）浇筑大体积混凝土对泌水怎么处理？

现象：大体积混凝土由于上下灌注层施工间隔较长，在各分层之间易产生泌水，这将使混凝土强度降低，产生酥软、脱皮、起砂等不良后果。

防治措施：采用自流式和抽汲方法排除泌水，会带走一部分水泥浆，影响混凝土质量。如在同一结构中使用两种不同坍落度的混凝土，掺用一定数量的减水剂，可收到较好的效果，大大减少泌水现象。

（24）泵送混凝土发生管道堵塞的原因及如何治理？

现象：在混凝土输送过程中，常会发生管道堵塞事故。

原因分析：

1）骨料级配不合理，混有超径石子；细骨料量太少；

2）混凝土配合比不合理，水泥用量太多，水灰比太大，或坍落度太小。

预治措施：

1）运输时，运输速度要使混凝土在搅拌1.5h内泵送完毕，最好经两次搅拌后再喂入料斗内；

2）泵机操作时，如发现泵压升高，管路发生抖动现象，应对管路中的弯管、锥形管等易堵塞部位，用木槌敲击；放慢压送速度，或使泵进行逆转（反泵）将混凝土抽回料斗，搅拌后再压送；如多次反泵无效，则应停止泵送，拆卸堵塞管道，取出管内混凝土，清洗干净后重新压送；

3）如发生堵塞，可采取侧车回流与缩短活塞行程强力压送的办法；同时对“Y”形管、弯管或变径管、软管等进行检查，迅速排除故障。

（25）蓄水池底板，池壁及顶板混凝土怎样浇筑？

具体措施：

1）底板混凝土浇筑。应由一侧向另一侧，或中间向两侧或两侧向中间进行，一次连续浇筑完成，不留施工缝；浇筑方式采取斜向推进，用振捣器振捣密实。在底板与池壁、柱大放脚连接部位，待底板浇筑完后，稍停0.5～1.0h，待沉实后再继续浇筑，避免在交接处出现烂脖子和施工缝。池底板表面在混凝土初凝前，应压实抹光。

2）池壁混凝土浇筑。圆形池壁混凝土浇筑，通常分四或六组，依次对称分层交圈均匀浇筑；矩形池壁浇筑应从中心部位开始向两侧对称进行，每层高20～30mm，使模板受力均匀，防止向一侧倾斜。混凝土应通过串筒分层均匀下料，在门子洞处用振动棒分层振捣密实，振动棒插入间距不大于45cm，振动时间20～30s，使多余水分和气体排出，表面泌水应及时排干。池壁混凝土应一次浇筑完成，避免留施工缝。浇筑时设专人看模，随时检查花篮螺栓、拉杆的松紧程度，模板有无变形、漏浆、套管铁件的位置有无移位。发现情况，及时纠正。

3）池顶板混凝土浇筑。其顺序与池底板相同。小直径水池可按肋型楼盖由一端向另一端或中间向两端进行。圆拱形顶板，应用干硬性混凝土由下部向顶部进行。

4）养护。混凝土浇筑完，终凝后，应用草袋（垫）覆盖，洒水养护，池底板亦可采用蓄水养护。底板及池壁混凝土强度达到2.5MPa以上，方可拆除模板，并继续养护不少于14d。

（26）混凝土新旧面结合的几种方法？

在治理混凝土工程通病过程中，往往需要在原有混凝土上增加一层新混凝土，为了确保新旧混凝土结构共同受力的可靠性及耐久性，在具体实施中，可视情况采取以下四种方法。

第一种方法：

1）原混凝土结合面做凿毛处理，基层必须坚硬，不能有土质疏松的砂土层和水泥渣锈等；

2）涂抹1∶0.4水泥浆；

3）新混凝土水灰比 0.4，坍落度 2cm，保湿养护；

4）新旧混凝土结合面为垂直方向。

第二种方法：

1）旧混凝土结合面做凿毛处理；

2）结合面涂抹 1∶0.4 水泥浆，1∶2.5 铝粉水泥浆，新混凝土水灰比 0.4，坍落度 6cm，保湿养护；

3）新旧混凝土结合面沿垂直方向设置。

第三种方法：

1）旧混凝土结合面凿毛处理；

2）涂抹 1∶0.4 水泥浆，新混凝土水灰比 0.4，坍落度为 2cm，保湿养护；

3）新旧混凝土结合面沿垂直方向设置。

第四种方法：

1）旧混凝土结合面做凿毛处理；

2）结合面涂抹环氧树脂，新混凝土水灰比 0.4，坍落度 6cm，保湿养护；

3）新旧混凝土结合面沿垂直方向设置。

（27）混凝土施工缝应如何处理？

处理措施：

1）先浇筑的混凝土强度必须达到 1.2N/mm^2 时方可浇筑。

2）在已经硬化的混凝土上继续浇筑之前，应先把表面上松动的石子及软弱的混凝土层凿掉，把硬化的水泥膜也凿掉，使其露出新槎，并清理干净浇水湿润，但不能有积水。

3）在施工缝附近弯起的钢筋，周围不能有松动的混凝土，钢筋上若有油污、水泥浆应清理干净。

4）在水平施工缝上浇筑前应先铺一层 1～1.5cm 厚的水泥砂浆，水泥砂浆应与混凝土中的砂浆成分相同。

5）继续浇筑时，不能在施工缝边直接投料，应离开一段距离，振捣时由外侧往施工缝推进。距施工缝处 8～10cm 处应停止振捣，用人工方法使接缝处的混凝土结合密实。

2. 现浇混凝土结构质量缺陷与防治

(1) 柱子位移错台怎么办?

现象: 多层框架的上下层柱，在楼板处容易发生位移错台，如图 8-2 所示。尤其是边跨柱和角柱更易发生位移，中跨柱因为有层间楼板，所以即使发生这种情况也不易发现。

治理方法: 柱子出现错台位移，超过允许偏差时要进行纠正，使之顺直。如偏差过大，一次纠正困难时，可允许偏差值分层逐步纠正。

如果柱子位移过大，影响结构性能，在征得设计单位同意时，可采取加大柱子断面的方法处理，如图 8-3 所示。

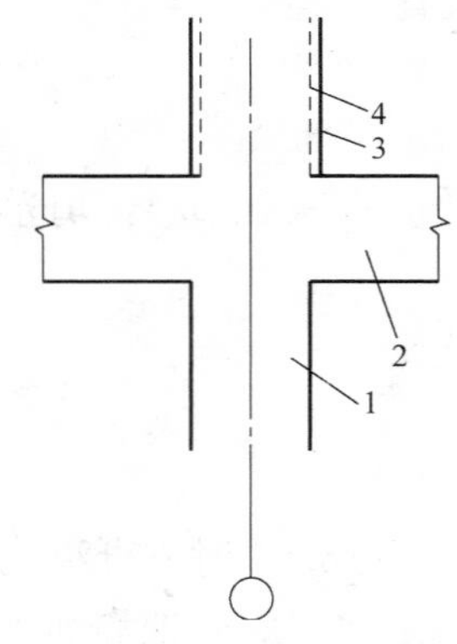

图 8-2 柱子位移错台示意图

1—柱；2—梁；3—上层柱轴线位移后错台线；4—上层柱正确位置线

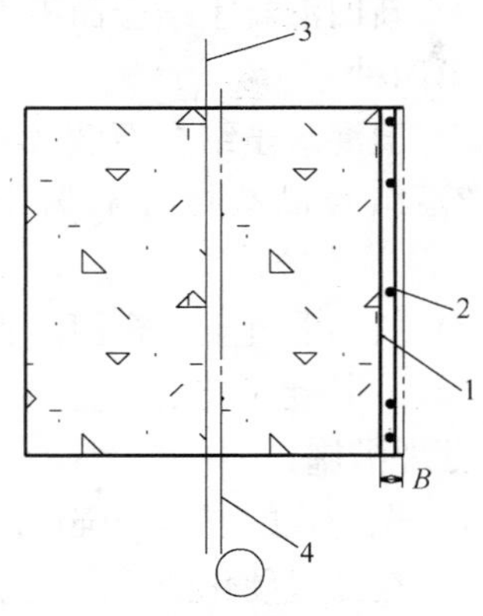

图 8-3 柱加大断面处理法

1—表面凿毛；2—加固钢筋；3—定位轴线；4—位移轴线

1) 截面加大部分厚度 $b<5$cm 时，可用 1∶1～1∶2 的水泥砂浆分层抹平。其做法是，将混凝土表面凿毛，浇水湿润，绑钢筋网片，并与柱子混凝土锚固，两边用靠尺卡牢，分两层抹平。

2) 截面加大部分厚度 $b\geqslant5$cm 时，应支模浇灌同强度等级混凝土。

（2）柱子主筋位移怎么办？

现象：柱子主筋位移，在现浇钢筋混凝土框架结构施工中极易发生，可分为基础插筋位移和楼层柱外伸钢筋位移。位移严重者影响结构受力性能。

治理方法：

1）如果基础插筋偏移尺寸在允许范围以内时，插筋可按 1∶6 斜度调整至设计位置，并在此段范围内加粗箍筋以资补救；如果偏移尺寸过大，当地面以下至基础台阶面间尺寸允许时，可以另做一级台阶重新插筋，或者在基础台阶上钻孔，将主筋锚入或插筋；

2）基础插筋偏离柱截面外尺寸较大，又不具备钻孔重新注浆锚插的条件，如地面以下至基础台阶面间有较大尺寸时，可以采用穿靴的办法，即加大一段柱截面，插筋按 1∶6 斜度调整到正确位置，可参照图 8-4（*a*）所示方法处理。

如果高度尺寸有限，加大截面会露出地面影响使用时，可按图 8-4（*b*）所示方法处理。

当偏移尺寸不大，也可凿开一部分混凝土，按 1∶6 斜度调整钢筋 ，如图 8-4（*c*）所示方法处理。

3）楼层柱钢筋在柱截面范围以内偏移尺寸较小时，一般允许以 1∶6 斜度调整；但当偏离尺寸很大，按 1∶6 斜度调整将影响结构受力性能，而钻孔注浆锚固钢筋也困难时，可按如图 8-5 所示方法加固处理。

钢筋偏出柱截面外尺寸较小时，可以凿开表面混凝土拨正钢筋，见图 8-4（*c*）；当偏出尺寸较大，且该部位主、次梁交叉，钢筋很密，浅凿不能解决问题，深凿又有困难时，最好征得设计单位同意采用加大柱截面的方法，到上层再收正，如果加大柱截面不可能，则可割去已偏出的钢筋，采用钻孔浆锚主筋或按楼层柱插筋位移加固的方法进行处理。

（3）梁与柱交接处核心部位箍筋遗漏怎么办？

现象：梁柱节点是框架结构极重要的部位，该部位的箍筋对于保证框架强度至关重要，但该处的箍筋往往被忽视而遗漏。

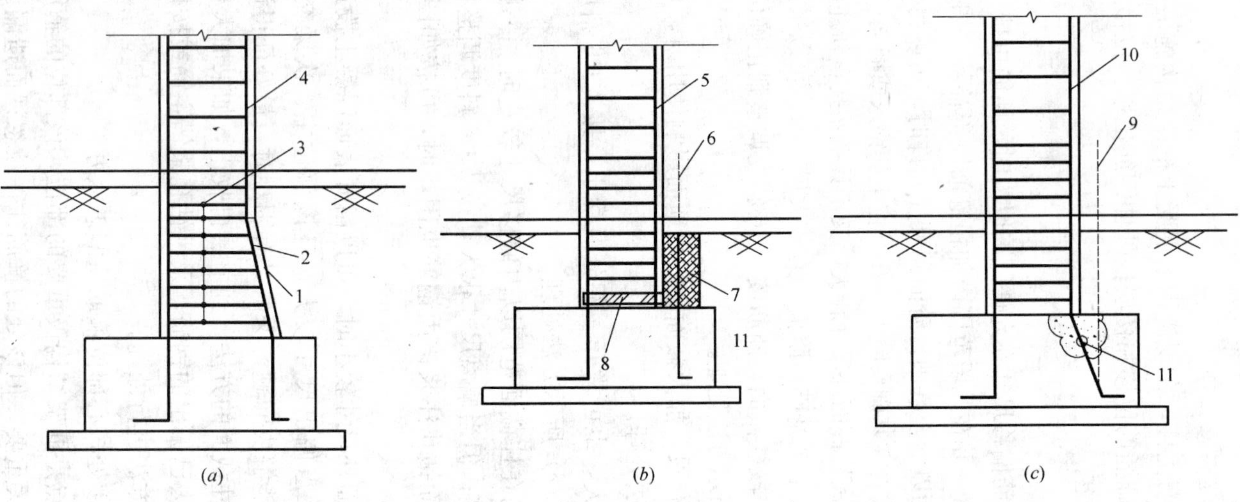

图 8-4 基础插筋位移处理示意图

（a）穿靴法；（b）局部加一块混凝土；（c）凿去部分混凝土，按 1∶6 斜度调整钢筋

1—局部加大截面；2—插筋（按 1∶6 调整）；3—局部箍筋加密或加粗；4—柱主筋弯折，与插筋搭接或焊接；5—柱主筋；6—偏斜的插筋（虚线部分切去）；7—局部加混凝土；8—扁钢（或角钢）与主筋焊接；9—插筋；10—主筋（与插筋搭接或焊接）；11—凿去混凝土，插筋按 1∶6 调整

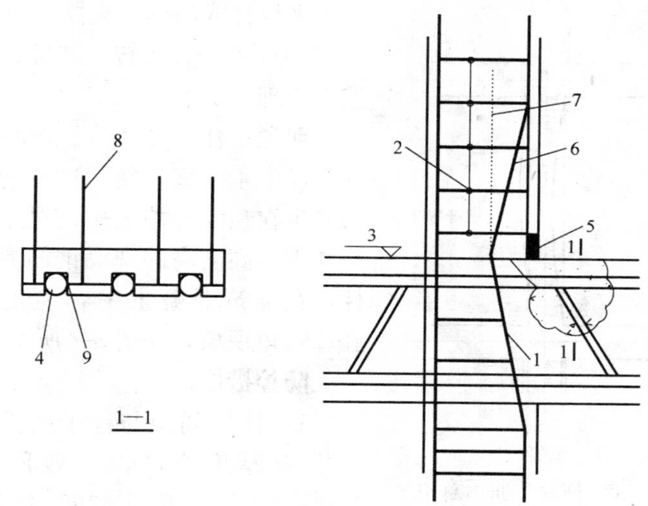

图 8-5 楼层柱插筋位移处理

1—柱插筋（碰弯，箍筋变位）；2—接头区箍筋加密或加粗；3—楼板面；4—梁上筋；5—凿去混凝土，加焊角筋；6—插筋（按 1∶6 拨正，上端与主筋焊牢）；7—偏离的柱插筋；8—柱主筋（下端与角钢焊牢）；9—角钢（下部切割缺口，卡入梁筋并焊牢）

防控措施：

提高施工人员对该处钢筋重要性的认识和责任心，认真按图施工，加强检查。箍筋可以在梁钢筋绑扎后穿套就位或者采用两个开口箍对拼相互搭接 30*d*（或单面焊 8*d*）的方法解决。

（4）柱身弯曲怎么纠正？

现象：柱上下端位置正确，而柱身偏离柱线。这种现象容易出现在细而高的钢筋混凝土柱上，如图 8-6 所示。

原因分析：模板刚度不够，斜向支撑不对称、不牢固、松紧不一致，浇筑混凝土过程中模板受力大小不一，造成弯曲变形。

防控措施：

柱子要有支模设计方案，按柱高和截面尺寸设计模板，木模板一般为 3～5cm 厚，柱箍间距应适当，沿柱高每 2m 左右双向

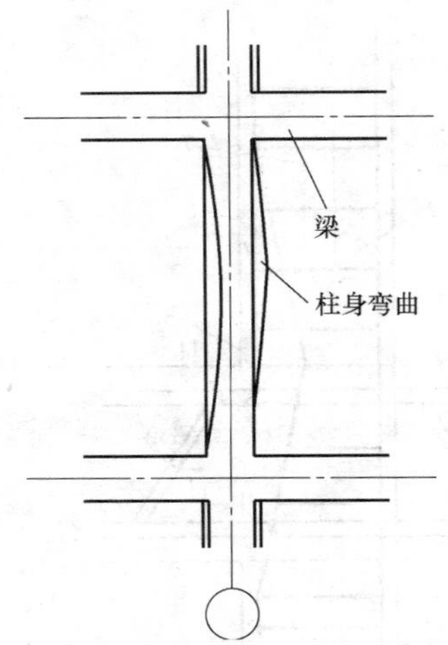

图 8-6　柱身弯曲示意图

加水平拉杆或斜撑，支撑牢固。

(5）柱截面扭转、鼓肚、窜角怎么处理?

现象：柱中心线位置不变，但柱截面发生平面扭转，这种现象容易发生在独立柱施工中；对于截面尺寸大、高度高的现浇钢筋混凝土柱，在浇筑混凝土中容易出现鼓肚、窜角现象，如图 8-7 所示。

防控措施：

1）柱筋间距与柱子断面大小及模板厚度有关，一般间距为 50cm 左右，木质柱箍断面一般不小于 50mm×70mm，柱底部柱箍，应适当加密；

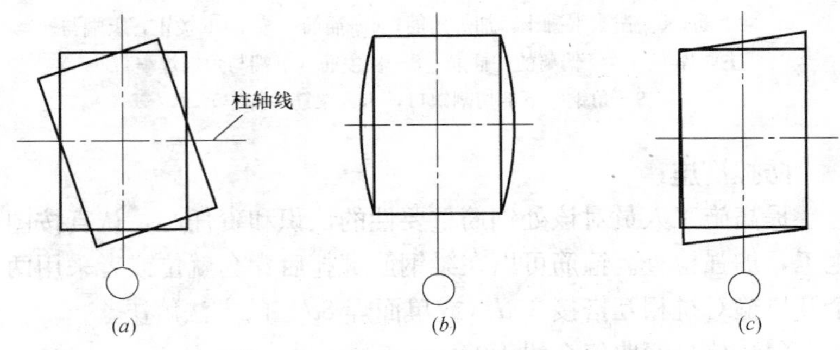

图 8-7　柱截面扭转、鼓肚、窜角
(*a*）截面扭转；(*b*）截面鼓肚；(*c*）截面窜角

2）对于截面尺寸大于 50cm 的柱子，柱箍中部应加穿 ϕ6mm 钢筋或螺栓摽紧，不宜用 8 号铁丝拉结，以防柱箍受弯变形；

3）浇筑混凝土要坚持按规范规程要求分层浇筑，振捣器不得碰撞模板；

4）注意柱模上下端的固定。当采用组合钢模时，因为整体刚度小，柱根处容易产生马蹄状变形，要增设柱箍铁件。

（6）柱子、板墙烂根怎么治理？

现象：柱子脚、板墙底部有空洞。

治理方法：在柱子和板墙浇灌过程中，如发现跑浆现象，应在灰浆凝固前及时铲除干净；拆模后如存在烂根也应及时处理。

具体修理方法：先将烂根部位松散混凝土剔除，经充分冲洗湿润后，支模，浇灌高一强度等级的豆石混凝土。若只是表面局部烂皮，可用1∶2水泥砂浆找平。

（7）反梁吊模跑浆怎么治理？

现象：反梁截面较高和长度较长时，梁截面尺寸和顺直度均不易达到质量要求，同时梁侧面下部与板交接处混凝土容易跑浆，造成板面不平、埋住吊模下端和梁侧面出现蜂窝麻面等质量问题。

治理方法：

1）模板应架设支撑牢固。为使梁截面尺寸正确，可用对拉螺栓拉紧梁两侧模板（不宜用8号铁丝拉结）以防模板外胀；为保持梁的顺直，梁侧模板上下口水平支撑杆应有足够的刚度和强度；为使梁的位置正确，梁侧模应用钢制斜撑和立柱，固定在楼板模板上，保证梁侧模板不位移；

2）为保证梁板混凝土质量和平整度，应采用小坍落度混凝土；同时先浇灌至板面，然后停歇0.5～1h，使板混凝土接近初凝，再浇灌板面以上梁身部分，同时注意适度振捣，防止混凝土涌出漏浆；

3）对于截面高、长度长的梁，可以建议设计单位改为二次叠合梁，先浇灌至楼板面再支梁模。此时可在楼板上预埋短钢筋，露出板面，借以固定模板。

（8）浇筑楼板超厚怎么处理？

现象：现浇框架楼板设计厚度各有不同，楼板要求较薄时，施工中掌握不准就会出现楼板超厚的现象。

治理方法：

1）首先要综合审查设计，查明楼板厚度与主次梁板的配筋构造，板内预埋线管数量、管径、走向、材质和交叉等方面的关系，从设计方面消除导致楼板超厚的因素；

2）翻样和绑扎钢筋时注意主、次梁和板的钢筋层次，留出管线空间，调整好主次梁的箍筋高度尺寸；管线穿越主梁时，尽可能避开主次梁交接钢筋密集处，使管线与钢筋各不相扰。钢筋排列可参考如图 8-8 所示；

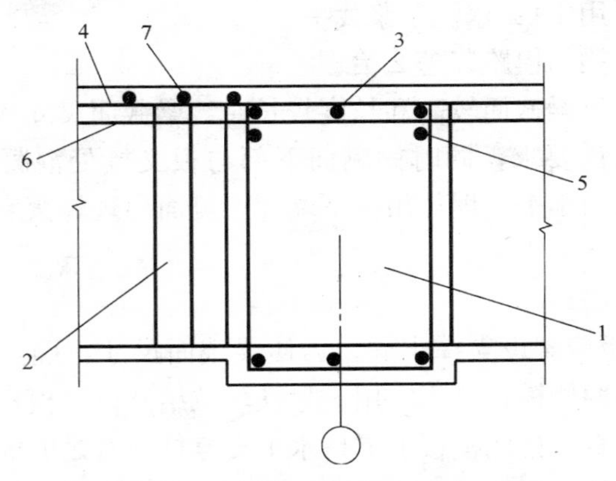

图 8-8　主次梁相交钢筋排列示意图

1—主梁；2—次梁；3—主梁上排钢筋；4—次梁上排（支座）钢筋；5—主梁上部第二排钢筋；6—次梁支座上部第二排钢筋或管线穿过的位置；7—板支座上排钢筋

3）浇筑混凝土前应认真检查模板的标高与平整度，设置楼板上平标志，使混凝土浇筑有正确的依据，对于平整要求很严的楼板，也可以采用随浇筑混凝土随用水平仪抄平的方法控制板面的标高。

第九章　墙体砌筑工程

1. 砌筑时砌体的位置和标高如何控制?

控制措施:

(1) 砌筑前先在基础防潮层上定出底层地面标高，并用 M7.5 水泥砂浆或 C10 细石混凝土找平，使砖墙底部标高符合设计要求。

(2) 砌筑时可利用皮数杆分别控制每皮砖及灰缝、厚度、门窗、楼板、过梁、圈梁等部位标高。

2.“螺纹”墙如何避免出现?

现象: 在同层楼房砌筑时，各道纵横墙不可能同时砌筑，而是分别砌筑，各道墙砌筑的依据是皮数杆，当皮数杆设立的标高出现问题或皮数杆本身出现问题时，在墙体连接处，同一标高的砖层数不同，不能交圈，这就是螺纹墙。

治理方法: 出现螺纹墙后很难处理，如果内外墙都是浑水墙，只能打薄砖或用砂浆找平；如果是清水墙就须将墙拆除重砌。

防控措施: 在砌砖前一定要先弄清楚所砌部位标高的情况，砌到一定高度时要与其他部位核对砖的层数，看一看在砌同一砖层时与皮数杆的皮数是否相同，如果出现误差，应及时调整，这样就不会出现“螺纹墙”了。

3. 清水墙的游丁走缝如何控制?

现象: 清水墙上下竖缝发生错位，弯斜，这就叫做“游丁走缝”。验收标准规定：以一层标高为标准时，不得超过 20mm。

控制措施: 在排砖时，必须把立缝排匀，砌完一步架高度，每隔 2m 间距在丁砖立楞处用拖线板吊直弹线。两步架往上继续吊直弹粉线，由底往上所有七分头（七分砖）的长度应保持一致，上层分配窗口位置时立缝必须同下层窗口保持垂直。

4. 混凝土阳台栏板与砖墙连接处怎样避免出现裂缝?

现象：在砖混结构的住宅工程中，在混凝土阳台栏板与砖墙连接处，经常会出现竖向裂缝，尽管这种裂缝属于非受力裂缝，但会降低栏板混凝土的耐久性。

原因分析：产生裂缝原因，主要在于砖墙与细石混凝土栏板的膨胀系数不同。

防治方法：

（1）在栏板细石混凝土中掺入减水剂和膨胀剂可以降低水灰比，增强密实度，降低混凝土的干缩量和凝缩量，抑制裂缝宽度的增长；

（2）在栏板细石混凝土中掺入Ⅱ级粉煤灰，掺入量为水泥用量的 20%。粉煤灰的掺入能起到增塑、减水、减少水泥用量和填充水泥颗粒间隙的作用，使水泥密实度提高，从而能减少混凝土的凝缩量，抑制裂缝宽度的增长；

（3）严把细石混凝土原材料质量关，优化砂石料级配，以达到减小孔隙率和减少水泥浆数量的作用。同时，控制好骨料的含泥量和泥块含量。即砂的含泥量不应大于 2.0%，泥块含量不应大于 0.5%；石子的含泥量不应大于 0.5%，泥块含量不应大于 0.2%；

（4）在细石混凝土浇筑完毕后，做好早期保湿养护，控制混凝土失水率，防止混凝土失水收缩。

5. 脚手架眼等施工孔洞的抗裂防护层如何填补?

施工洞修补主要难点在抗裂防护层的修补，填补做法如下：

（1）在大面施工抗裂缝防护层时，在孔洞的周边应留出 30mm 左右的位置，不抹水泥砂浆，耐碱玻纤维网布沿对角线裁开，形成四个角；

（2）在修补孔洞时，用胶粉聚苯颗粒保温浆料填平孔洞，使孔洞周围 200mm×200mm 的保温层厚度略低于其他保温层厚度 3～5mm；

（3）保温层干燥后，抹抗裂砂浆，并将原预留耐碱玻纤维网布压入水泥砂浆中，在孔洞周围另加贴一层 200mm×200mm 的耐碱玻纤维网布压平即可。

6. 砂浆强度不够怎样防控?

现象：在基础砌筑中，常常发现砌筑用砂浆不符合要求，强度不够。

原因分析：砂子较细，含泥量过大、配合比不准确。

防控措施：在施工中应认真对待。应使用粗砂或中砂，砂子含泥量不应超过 5%，严格执行配合比，认真过磅计量。

7. 基础砖墙的标高如何控制?

防控措施：

（1）基础砌体的皮数杆应从±0.000 位置往下画。

（2）皮数杆最好用边长不大于 2cm 的小木方做成，有构造柱时，把它绑在构造柱主筋上，没有构造柱时，可以在垫层上轴线交点处立一根钢筋棍，把皮数杆绑在钢筋棍上。

（3）皮数杆放在墙身上容易控制砌砖的层高。若皮数杆放在大放脚的外边线上，检查砖层标高时应用水平尺或用木板尺放平检查。

8. 怎样预防基础顶面标高不准?

原因分析：

1）垫层上平标高偏差太大，影响砖层的砌筑；

2）皮数杆立在大放脚以外，离墙身太远，检查每层砖的高度时又没有用水平尺或木尺；

3）放脚很宽，难以控制每层砌砖的标高。

防治措施：

（1）在画皮数杆时，先检查一下垫层上平的标高，以较高处为准画皮数杆，超过高度的应是少数，应该剔掉。较低处采取砂浆中加豆石的办法，使第一层砖的标高合适；

（2）皮数杆最好用小木杆，立放在墙身中心，固定在构造柱的主筋上；

（3）砌筑放脚铺灰时应注意，中间的砖应向两边的砖看齐，不能高出两边砖的高度，因为两边的砖都有通线控制。在放脚收至墙身时应检查一下标高，若与皮数杆有区别，应在墙身的灰缝中处理好，保证最后基础顶面符合设计要求。

9. 在砌筑基础砖墙时，怎样防控轴线位移？

在砌筑基础砖墙时，很容易出现轴线位移的毛病。造成的原因很多，但是，只要采取如下措施即可避免轴线位移。

防控措施：

（1）在槽边必须设置牢固的轴线控制桩；

（2）在施工时将轴线引至垫层上，墙身砌起后及时把轴线引至砖墙上，并与上面的轴线控制桩相吻合；

（3）在墙身没有砌到位置，轴线端处尽量不能让杂物淹没。

这样多方面注意，就能保证基础的轴线不偏移。

10. 洞口位置与排砖有不符合时怎么办？

治理方法：在通常情况下，洞口也应按照条砖等七分、丁砖排到头的原则进行。但是由于洞口受尺寸限制，按通常方法可能调整不开，此时可以在丁砖中加七分砖，但应加在中间。在条砖行里也可能排七分砖或丁砖，也应排在中间。这样即可在洞口位置与排砖相符合，保持基本一致。

11. 陶粒砌体在门窗洞口处如何处理？

处理方法：砌门窗洞口时，应砌 4 层黏土砖与陶粒砌块相互咬槎。洞口高度在2m以内时，4层黏土砖每侧砌三处（距离排合适），洞口高度超过2m时，每侧的4层黏土砖砌四处，中间距离均分即可。

12. 加气块砌体门窗洞口处如何处理?

处理方法：

（1）当加气块砌至门窗洞口时，每边应加预制好的带有木砖的混凝土块。洞口高在2m以下时每边加三块；超过2m时，每边加4块。混凝土预制块的厚度和高度应与加气块相一致。安装门窗用圆钉牢固地钉在木砖上；

（2）若采用先立门窗口的方法砌筑加气块时，在框的两根立边上先均匀地钉上3～4个圆钉（80～100mm），圆钉露出尖即可。立好口后，当砌筑加气块时，在应加框的外侧和加气块与木框的连接处抹好粘结砂浆。待砌块高度超过圆钉的位置时，将圆钉钉入砌块中，把粘结砂浆抹平。

值得注意的是，要在砌筑前应先把木门窗框的位置放准，放平吊直。

13. 砌筑加气块垛与梁板如何连接?

处理方法：

（1）首先是在梁板的底部预留拉结筋，便于与加气块垛拉结；

（2）当梁底未事先留置拉结筋时，先在垛块与梁底接触面涂抹粘结砂浆，用力挤严实，每砌完一块用已作防腐处理的小木楔（间距600mm）在砌块上皮紧贴梁底塞紧，用粘结砂浆填实，灰缝刮平；或在梁底斜砌一排砖，以保证加气块垛顶部稳定、牢固。

14. 砌体抗压强度低怎么治理?

现象：墙体（特别是墙垛、柱子、窗间墙等部位）抗压强度偏低；或使用一段时间后，砌块碳化强度降低，影响结构安全，甚至出现局部压碎或断裂，造成结构破坏。

治理方法：

（1）对已砌筑于砌体中的不合格砌块，如条件许可时，应拆除重砌。特别是在主要受力部位，即使上部结构已经完成，但砌的数量不多、面积不大时，一般应在做好临时支撑以后，方能撤去临时支撑；

（2）如果砌体中已砌进较多的不合格砌块，或分布面较广，又难于拆除时，需要在结构验算以后，进行加固补强；

补强时，一般均应铲除原有粉刷层，清理干净后，采用钢筋混凝土增大结构断面的办法。对于柱、跺等部位，可以通过计算，确定适当厚度的钢筋混凝土围箍进行加固补强。对于墙体等部位，可以通过计算，在墙体两侧用适当厚度的钢筋混凝土板墙进行加固补强，但要在墙体上每隔适当距离凿孔（孔距一般控制在50cm左右），放置拉结筋，使加固以后的墙体形成整体。

在加固过程中，绑扎钢筋、立模板、浇水湿润、捣混凝土等施工工艺和要求与钢筋混凝土工程相同。

15. 墙体裂缝，建筑物整体性差怎么办?

现象：轻体砌块砌体水平通缝抗剪强度比相应的砖砌体低，竖缝的粘结力更低，在水平力的作用下，墙体产生水平裂缝、竖向裂缝、阶梯形裂缝和砌块周边裂缝。在一般情况下，大多数阶梯裂缝出现在内横墙和纵墙尽端，顶层多于下层，顶层楼梯间两侧的内横墙更为明显；多数的竖向裂缝出现在砌块竖缝和底层窗台下；水平裂缝出现在屋面板底、楼板底或圈梁底，影响建筑物的整体性。

治理方法：要根据建筑物裂缝开展情况，找出原因，再进行修补或加固。如因地基不均匀沉降引起，则应先对地基进行加固；如因材质和施工因素造成，则应在裂缝发展基本稳定以后，再进行加固补强。一般加固补强除按砌体强度低的治理方法外，还可在内外墙交接处、楼梯间四周以外墙体转角处设置构造柱（或附墙柱），并做好与基础、圈梁的连接；对于空心砌块，还可以利用纵横墙交接处及横墙门洞两侧砌块孔洞，放置贯通墙身的钢筋，浇筑混凝土（或细石混凝土）。并且在结构处理以后，沿裂缝铲除抹灰，把砌体中的裂缝凿成“V”形；清洗后再用水泥砂浆分层嵌补。

16. 墙面裂缝、起壳怎么办？

现象： 砌块建筑室内抹灰，随砌体的水平裂缝、阶梯裂缝和周边裂缝而出现相应的抹灰裂缝；同时，墙面抹灰还会出现干缩裂缝和起壳。

治理方法：

（1）对于结构问题所引起的墙面抹灰起壳和裂缝，应先在结构上采取措施，然后再对抹灰进行处理；

处理时，一般应铲除破损部分，清理、湿润后再重新分层抹灰。对于抹灰层的裂缝，在裂缝已稳定的情况下，一般应沿裂缝铲除部分抹灰层，重新补抹平整；如果砌体裂缝，应沿裂缝凿成“V”形槽，清洗后用水泥砂浆分层嵌补，然后再分层修补抹灰层；

（2）对于砌块收缩引起的砌块周边裂缝，一般在建筑物使用1～2年后即可基本稳定，不再发展，然后再按上述方法进行修补。

17. 一般性墙体裂缝怎样修补？

现象： 围墙体原材强度不够发生裂缝，经过观测期后又不再发展，且不影响结构安全使用。

治理方法： 墙面可敷贴钢筋网片配置穿墙拉筋加以固定，然后灌细石混凝土或分层抹水泥砂浆进行加固即可。

18. 墙面渗水怎么办?

现象: 砌体墙面、门窗框或门窗拼缝渗水。

治理方法:

(1) 查清墙面渗水、漏水原因，找准渗漏部位，然后针对不同情况进行处理。如因砌块收缩、墙体或窗台灰缝不饱满、地基不均匀沉降引起灰缝或抹灰裂缝，应在砌块收缩和地基不均匀沉降基本稳定以后凿缝清理，用水泥砂浆、混合砂浆或油膏嵌缝，然后修补抹灰；

(2) 因门窗四周嵌缝不密实而引起的渗漏，应将渗漏部位的嵌缝材料铲除干净，然后重新分层嵌实，或用建筑密封油膏嵌补；

(3) 因砌块本身材料质量问题而引起的渗漏，应铲除该部位的抹灰层，然后将砌块疏松、灰团部分凿除，用水泥砂浆修补，待达到一定强度后再重新抹灰；

(4) 因抹灰裂缝、起壳而造成渗水的墙面，应铲除不合格的抹灰层重做。因抹灰厚度太薄而造成渗水的墙面，可在表面凿毛，认真清理、湿润以后，加做一层抹灰。有条件时，可以采取加速墙面排水措施，如在抹灰层外加做防水涂料等；

(5) 对于凸出外墙面的窗台、阳台、遮阳板、雨篷等水平构件，没有泛水的，要在表面凿毛以后，抹水泥砂浆泛水；并在与墙面交接处，沿墙用水泥砂浆抹一条10cm高的线脚，或在阴角处用水泥砂浆做一小圆角。在板底边缘处凿毛以后，用水泥砂浆抹出滴水线槽；

(6) 穿墙管和预埋件等处渗漏，应凿开管线或埋件周围，重新用水泥砂浆填满，嵌补密实。

第十章　钢结构工程

1. 钢构件起拱不准确怎么办?

现象：构件起拱数值大于或小于设计数值。

防控措施：

（1）严格按钢结构构件制作允许偏差进行检验，如拼接点处角度有误，应及时处理；

（2）在小拼过程中，严格控制累计偏差，注意采取措施消除焊接收缩量的影响；

（3）钢屋架或钢梁拼装时应按规定起拱。

2. 钢构件跨度不准确怎么办?

现象：构件跨度值大于或小于设计数值。

防控措施：

（1）由于构件制作偏差，起拱与跨度值发生矛盾时，应先满足起拱数值。为保证起拱和跨度数值准确，必须严格检查构件制作尺寸的精确度；

（2）小拼构件偏差必须在中拼时消除；

（3）构件在制作、拼装、吊装中所用的钢尺应统一。

3. 钢构件刚度差怎么办?

现象：十字支撑不在一个平面内，或对接支撑不在一条直线上。

防控措施：

（1）在地面拼装时，地面必须垫平，以防下挠。如果刚度不够，可采取加固措施，以增强其刚度；

（2）拼装时必须拉通线，电焊点固、焊牢；

（3）严格检查构件几何尺寸，安装前检查节间间距尺寸，如发现问题，应在地面处理好再吊装。

4. 钢柱垂直偏差过大怎么办?

现象：钢柱垂直超过允许值。

防控措施：

（1）对于细高钢柱，一点吊装变形较大时，可采取二点、三点等吊装方法，以减小变形。吊装好以后，应加临时支撑，以防受风力或其他外力作用而倾倒。独立柱最好采用加绑扫地杆的方法支撑固定；

（2）对整排柱或群柱，如果没有永久性柱间支撑，柱子又较高（如升板结构钢柱），应视高度情况做好柱间临时支撑，并在边柱端部加一组或两组剪刀撑；

（3）由于阳光照射影响钢柱垂直偏差，其防治措施与钢筋混凝土柱相同。

5. 钢吊车梁垂直偏差过大怎么办?

现象：钢吊车梁垂直偏差超过允许值。

防控措施：

（1）按缝隙大小，将垫板刨成楔形垫，但楔形铁块不能超过三块，并要求楔紧，用电焊点固定。尤其是吊车梁两支点必须严格按设计要求施工；

（2）吊车梁、柱和制动架连接尺寸要准确。如果发现影响吊车梁垂直度时，要进行技术处理。一般处理被连接件，而不处理吊车梁本身；

（3）节点处螺栓孔重合，应尽量采用过眼冲子，将全部螺栓带上；

（4）构件制作时，应严格控制焊接变形。

6. 十字水平支撑挠度过大怎么办?

现象：十字水平支撑挠度超过允许值。

防控措施：

（1）严格控制构件制作尺寸偏差；

（2）吊装时十字水平支撑四吊点应尽量保持在一个平面内，如吊装过程中不易保持在一个平面内，在安装前应先采取措施，而后将一组支撑的四角螺栓临时固定（支撑每端至少有两个安装螺栓孔），需要电焊时立即焊牢。如果采用螺栓破丝扣办法，最好不用点焊而用尖锤击打。

7. 安装孔位移怎么办?

现象：安装孔不重合，螺栓穿不进去。

防控措施：

（1）不论粗制螺栓、精制螺栓或高强螺栓，其螺栓孔在制作时尺寸、位置必须准确，对螺栓孔及安装面应作好修装，以便于安装；

（2）钢结构构件每端至少应有两个安装孔。为了减少钢部件本身挠曲导致孔位偏移，一般采用钢冲子预先使连接件上下孔重合。紧螺栓工艺是：第一个螺栓第一次必须拧紧，当第二个螺栓拧紧后，再检查第一个螺栓并继续拧紧，保持螺栓紧固程度一致。紧固力矩大小应按规定要求，不能擅自决定；

（3）对于主要受力结构和承受动荷载的结构，当精制螺栓和高强螺栓穿不进时，必须会同设计单位一起研究解决。

8. 构件拼装后扭曲怎么办?

现象：构件拼装后扭曲主要表现为构件拼装后全长扭曲超过允许值。

防控措施：

（1）节点处型钢不吻合，应用氧气-乙炔火焰烘烤或用杠杆加压方法调直，达到标准后，再进行拼装。拼装节点的附加型钢

（也叫拼装连接型钢或型钢）与母材之间缝隙大于 3mm 时，应用加紧器或卡口卡紧，电焊固定，再进行拼装，以免由于节点尺寸不符造成构件扭曲；

（2）拼装构件一般应设拼装工作台，如在现场拼装，则应放在较坚硬的场地用水平仪抄平。拼装时构件全长应拉通线，并在构件有代表性的点上用水平尺找平，符合设计尺寸后点焊牢固。刚性较差的构件，翻身前要进行加固。构件翻身后也应进行找平，否则构件焊接后无法矫正。

9. 拼装焊接变形怎么办?

现象：拼装焊接变形主要表现为拼装构件焊接后翘曲变形。

防控措施：

（1）为了抵消焊接变形，可在焊前进行装配时，将工件向与焊接变形相反的方向预留偏差，即反变形法；

（2）采用合理的拼装顺序控制变形，不同工件应采用不同顺序：收缩量大的焊缝应当先焊；长焊缝采用对称焊、逐步退焊；缝中逐步退焊、跳焊；

（3）采用夹具或专用胎具，将构件固定后进行焊接，称为："刚性固定法"；

（4）构件翘曲可用机械矫正法或氧气-乙炔火焰加热法进行矫正；

（5）减小不均匀加热，以小电流快速不摆动焊代替大电流慢速摆动焊，小直径焊条，多层焊代替单层焊；采用线能量高的焊接方法，如 CO_2 焊接法代替手工，采用强制冷却来减少受热地区的温度和焊前预热以减少焊接区的温度与结构的温度差，这些方法均能取得减少焊接变形的效果；

（6）采用对称施焊法和锤击焊缝法（底层及表面不锤击）。

10. 钢柱底脚有空隙怎么办?

现象：钢柱底脚有空隙主要表现为钢柱底脚与基础接触不紧

密，有空隙。

防控措施：

柱脚基础标高要准确，表面应仔细找平。柱脚基础找平可采用五种方法施工：①柱脚基础支撑面一次浇筑设计到标高并找平，不再浇筑水泥砂浆找平层；②将柱脚基础混凝土浇筑到比设计标高低40～60mm处，然后用细石混凝土找平设计标高。找平时应采取措施，保证细石面层与基础混凝土紧密结合；③预先按设计标高安置好柱脚支座钢板，并在钢板下浇筑水泥砂浆；④预先将柱脚基础浇筑到设计标高以下40～60mm处，当柱安装到钢垫板（每叠数量不得超过3块）上后，再浇筑细石混凝土；⑤预先按设计标高埋置好柱脚支座配件（型钢梁、预制混凝土梁、钢轨等），在柱子安装以后，再浇筑水泥砂浆。

11. 柱地脚螺栓位移怎么办？

现象：柱地脚螺栓位移是指钢柱底部预留孔与预埋螺栓不对中。

防控措施：

(1) 发生预留孔与螺栓不对中，应根据情况，经设计人员许可，沿偏差方向将孔扩大为椭圆孔，然后换用加大的垫圈进行安装；

(2) 如果螺栓孔相对位移较大，经设计人员同意可将螺栓割除，将根部螺栓焊于预埋钢板上，附上一块与预埋钢板等厚的钢板，再与预埋钢板一起采取铆钉塞焊法焊上，然后根据设计要求焊上新螺栓。

12. 柱地脚螺栓丝长不够怎么办？

现象：柱地脚螺栓丝长不够主要表现为轻型钢柱安装时螺母和垫板不能正确就位。

防控措施：

(1) 柱脚底板上部丝长不够时，可将双螺母改单螺母，但应与螺杆焊牢；

(2) 柱脚底板下部丝长不够时，可将螺母垫板找平改为垫铁找平，也可以加长套丝。

13. 钢屋架、天窗架垂直偏差过大怎么办?

现象：钢屋架或天窗架垂直偏差超过允许值。

防控措施：

(1) 严格检查构件几何尺寸，超过允许值应及时处理好再吊装；

(2) 应严格按照合理的安装工艺安装；

(3) 钢屋架校正方法可用经纬仪或线坠法；

(4) 天窗架垂直偏差可以采用经纬仪或线坠对天窗架两支柱进行校正。

14. 门式钢架梁两端部节点板不密合怎么办?

现象：梁与梁、柱与梁端部节点板之间有缝隙。

防控措施：

(1) 当安装样板间时发现梁与梁、柱与梁端部节点板有缝隙，应找有关钢结构技术人员分析原因提出处理意见；

(2) 对缝隙一般不做封闭处理；

(3) 门式钢架梁在荷载作用下，挠度和柱顶水平位移超过规范值或设计值，要检查设计和施工存在的问题，具体问题要做具体处理；

(4) 门式钢架跨度超过现行技术规范规定时，应通过试验后，再用于工程上。

15. 安装螺栓孔错位怎么办?

现象：安装螺栓孔错位主要表现为安装孔不重合，螺栓穿不进去。

防控措施：

（1）不论粗制螺栓或精制螺栓，其螺栓孔在制作时尺寸、位置必须准确，对螺栓孔及安装面应做好修整，以便于安装；

（2）钢结构构件每端至少应有两个安装孔。为了减少钢构件本身挠度导致孔位偏移，一般采用钢冲子预先使连接件上下孔重合。施拧螺栓按标准工艺实施，不可擅自决定。

16. 高强度螺栓连接板拼装不严密怎么办?

现象：高强度螺栓连接板拼装不严密表现为高强度螺栓连接板接触面有间隙，违背了摩擦型连接受力原理。

防控措施：

（1）钢构件在制作、拼装和组装焊接过程中，存在焊接变形，可采用氧气-乙炔火焰烤，或者采用不同形式的压力及冷矫正扳法解决；

（2）高强度螺栓连接节点应穿上临时螺栓和冲钉，不得少于安装总数的 1/3；临时螺栓不得少于 2 个，冲钉直径与孔直径相同，穿入数量不宜多于临时螺栓的 30%；

（3）为了明确拧紧的次数，用不同记号区别初拧、复拧、终拧，可防止漏拧；

（4）高强度螺栓连接板接触面不同间隙采取不同处理办法：间隙 $t<1.0$mm 时不予处理；$t=1.0\sim3.0$mm 时将厚板一侧磨成 1∶10 的缓坡，使间隙小于 1.0mm；当 $t<3.0$mm 时加垫板，垫板厚度不小于 3mm，最多不超过 3 层，垫板材质和摩擦面处理方法应与构件相同。

17. 大六角头高强螺栓的扭矩系数达不到设计要求怎么办?

现象：大六角头高强螺栓的扭矩系数达不到设计要求是指扭矩系数超过 0.11～0.15 的范围。

防控措施：

（1）如果螺栓错位，高强度螺栓不准强行打入，在允许范围内可以扩孔；

(2) 高强度螺栓不允许做临时螺栓，初、终拧相隔时间不应过长，要求在同一天必须完成；

(3) 大六角头高强度螺栓连接副有两个垫圈，螺栓头处垫圈带倒角的一侧必须朝向螺栓头，对于螺母一侧的垫圈，有倒角的一侧朝向螺母，因倒角侧的表面较为平整、光滑，拧紧时扭矩系数较小；

(4) 运输、保管过程要轻装、轻卸，制造厂应该是按批保证扭矩系数的，所以安装时也要按批内配套使用，并且要求按数量领取，不乱扔、乱放，不要碰坏螺纹及污损；

(5) 制作厂按批配套进货，必须具有相应的出厂质量保证书；

(6) 运到现场的高强度螺栓在施工前，必须对连接副按批做扭矩系数复验。

18. 高强度螺栓紧固力矩超拧或少拧怎么办?

现象：高强度螺栓紧固力矩超拧易断，少拧达不到设计额定值。

防控措施：

(1) 扭剪型高强度螺栓终拧结束，梅花头拧掉为合格；

(2) 大六角头高强度螺栓终拧结束，采用0.3～0.5kg的小锤逐个敲检；

(3) 扭矩检查应在终拧1h以后、24h以前完成，欠拧或漏拧者应及时补拧，超拧者必须更换。扭矩检查，应将螺母退回60°，再拧至原位测定扭矩，该扭矩与检查施工扭矩的偏差在±10%以内为合格。

19. 钢屋架杆件承载力不足怎么办?

现象：钢屋架杆件承载力不足。

防控措施：

(1) 增设杆件，改变原网架的受力状态；

（2）减轻屋面重量；

（3）更换刚度不足或损坏的杆件；

（4）增大杆件截面。在承载力不足的杆件上附加上钢管、角钢、槽钢、钢筋等以增大杆件截面和提高承载力。

20. 预埋件与支座误差如何治理？

治理方法：

（1）加过渡钢板。将原预埋件的螺栓割除，增加一块过渡钢板，螺栓焊在钢板上，然后过渡钢板与原预埋螺栓焊牢。该法一般用于误差较小和反力较小的压力支座；

（2）加钢板套。加层结构中原来未埋入预埋件，或预埋件误差很大以及埋错位置等，可采用加钢板套的方法。此方法简单易行；

（3）重新预埋。预埋件位置埋错或者根本就没有预埋，以及规格尺寸有了变化，可采用重新预埋的方法。预埋件有两种：一种是有螺栓，一种是无螺栓。有螺栓预埋可采用以下方法：①采用过渡钢板方法，即在过渡钢板上焊螺栓，过渡钢板下焊上锚筋，在支承构件上钻孔进行预埋；②直接将螺栓埋入梁中，在钢板上钻孔，螺栓与钢板焊牢。无螺栓预埋件可用膨胀螺栓固定。

21. 支座腹杆预支承结构相碰如何防治？

防治措施：

（1）在支承结构允许情况下，可将支承结构削去一角，但绝不能损伤柱和梁中的受力钢筋，特别是梁中钢筋，并将凿毛面用有效材料封闭起来。

（2）提高支座支承件的高度，但是必须注意支承件的稳定。支承件长度不宜过长，一般控制在500～600mm。

（3）在支座底板上加钢板盒或混凝土墩。

22. 杆件相碰如何防治？

现象：在网架安装中，常常由于节点钢球设计过小（或杆件间夹角太小)，导致杆件在节点处相碰，使安装不能顺利进行。

防治措施：解决问题的最好办法是将小球换成大球，杆件改制。但有时无法做到这一点。对螺栓球节点，可将相碰杆件中的一根部分锥头和杆件的一部分切去，之后切去部分的外廓形状，制作一块比管壁厚 2～4mm 的钢板，补焊在切去的孔洞处。注意锥头与钢管切去部位的开口边缘及补焊钢板应开坡口（用手持砂轮），补焊后，焊缝处应用手持砂轮磨平，清除锈污后补刷防锈漆两道。

23. 焊缝缺陷如何治理？

治理方法：

（1）对焊缝缺焊、凹陷不饱满，可在原焊缝上继续补焊。补焊工作一般在工厂或工地安装前进行；对于已经安装的网架，也可在网架自重作用下进行；对屋盖静荷载已上满的网架，特别是对于满应力状态下的网架杆件，则采用适当的支撑或采用间隔一定时间分段焊接，避免杆件全截面处于高温状态。

（3）当对接焊缝存在严重气孔、夹渣或焊缝底部未焊透时，可采用补强焊接。对钢板和钢管的补强焊接进行的试验证明，模拟夹渣率或未焊透率（夹渣面积占钢管截面面积的百分比）在低于 75％的情况下都是可行的。

24. 屋面压型钢板的腐蚀有几种防控措施？

现象：压型钢板厚度很薄，易于锈蚀。

防控措施：

（1）厚涂型涂料处理法。就是采用一种既能防锈，又能堵塞小孔洞的涂料，从而使已经锈蚀甚至开始出现轻微渗漏的压型钢板屋面恢复功能，并延长其使用寿命的方法。这种方法所使用的涂料应黏着力强，防水性能好，抗裂强度高，抗老化、抗腐蚀性能好；

（2）更换法。即是把损坏的压型钢板铲除，重新铺设新的压型钢板。这种更换可以是整个屋面，也可局部更换。局部更换时，新钢板应与旧压型钢板为同一钢板型，为防止新旧钢板搭接处漏水，搭接长度不宜小于1.0m，搭接接缝处应用定型密封条密封，同时搭接处用螺钉（如拉铆钉等）将新旧压型钢板连接紧密；

（3）重叠铺板法。即在更换屋面大部分压型钢板时，拆除旧钢板，再铺设新钢板，不仅麻烦，还得工厂停产施工，这时可采用重叠铺板法，即不拆除已经锈蚀的压型钢板，在原有屋面板的顶面再重叠铺一层新的压型钢板，这样使建筑物的维修和工业生产两不误。

25. 钢结构涂层施工应注意哪些问题?

注意事项:

（1）除锈完毕应清除基层上杂物灰尘，在8h内尽快涂刷第一道底漆，如遇表面凹凸不平，应将第一道底漆稀释后反复多次涂刷，使其浸透凹凸毛孔深部，防止孔隙部分再生锈；

（2）避免在5℃以下和40℃以上环境及太阳光下直晒，或85％以上湿度环境下涂刷，否则易产生起泡、针孔和光泽下降等现象；

（3）底漆表面充分干燥以后才可涂刷次层油漆，间隔时间一般为8～48h，第二道底漆尽可能在第一道底漆完成后48h内施工，以防第一道底漆漏涂引起生锈；对于环氧树脂类涂刷，如漆膜过度硬化易产生漆膜间附着不良，必须在规定时间内做上面一层涂料；

（4）涂刷各道油漆前，应用工具清除表面砂粒、灰尘，对前层漆膜表面过分光滑或干后停留时间过长的，适当用砂布、水砂纸打磨后再涂刷上面层；

（5）一次涂刷不宜太厚，以免产生起皱、流淌现象；为达到膜厚均匀一致，应做交叉覆盖涂刷。

26. 钢构涂层质量缺陷如何防治?

缺陷：流痕；橘子皮；刷纹。

现象：

（1）垂直面之部分涂层流下，结成厚膜；

（2）产生橘子皮状凹凸皱皮；

（3）随漆刷运行方向留下凹凸刷纹。

防治措施：

（1）调整涂刷量；调整黏度；用砂纸磨粗；换挥发快的稀释剂；泄流部分磨平后重涂；

（2）适当调低黏度，使用符合规定的稀释剂；

（3）砂纸磨平后重新涂刷；

（4）改用优良漆刷；选用流展性好的油漆或配合少量树脂凡立水调和；用同一油调薄，先刷一遍；用砂纸磨平重涂；调整漆厚，用优良油漆；

（5）避免高温或暴晒，营造良好的施工环境。

第十一章　建筑地面工程

1. 楼地面局部脱皮、露砂、疏松怎样治理？

治理方法：

（1）表面局部脱皮、露砂、疏松。用钢丝板刷刷除疏松层，扫除干净灰砂，再用水冲洗，保持清洁再晾干，用聚合物水泥浆涂刷一遍，如缺陷厚度大于2mm时，可用1∶1的水泥砂浆（细砂）铺满刮平，收水后用木抹子搓平，初凝前用钢抹子抹平并压光，终凝前再用钢抹子抹成无抹痕的面层，尤其是与旧面层、边结合处要刮平。随喷一遍养护液进行养护。保护好成品，28d后方可使用；

（2）若大面积疏松；因原料质量造成的大面积疏松，必须返工铲除，扫刷冲洗干净后，晾干，重做地面面层；

（3）若表面粘有灰疙瘩，首先须检查地面的强度，如质量比较好，可用磨石机磨光，但砂轮要换成200号金刚石或240号油石的。

2. 水泥砂浆楼地面空鼓怎么防治？

现象：地面空鼓多发生于面层与垫层之间，或垫层与基层之间。空鼓处用小锤敲击有空鼓声。受力后，容易开裂。严重时大片剥落，破坏地面使用功能。

防控措施：

（1）严格控制水泥砂浆水灰比，其稠度应小于3.5mm；

（2）水泥应采用早期强度较高、安定性合格、强度等级不低于42.5的普通硅酸盐水泥；

（3）砂宜采用中砂，或与粗砂混合使用，含泥量不大于 3%；

(4) 严格掌握面层压光时间，并不少于 3 遍，压光后应认真洒水或蓄水养护，持续时间应不少于 7d；

(5) 认真处理已经硬化的混凝土垫层表面，应用钢丝刷刷干净，光滑表面应糟毛，并作好素水泥浆结合层，要求涂刷均匀，随刷随抹。

治理方法：

(1) 对于房间的边、角处，以及空鼓面积不大于 0.1m² 且无裂缝者，一般可不作处理；

(2) 对于人员活动频繁的部位，如房间的门口、中部等处。以及空鼓面积大于 0.1m²，或虽面积不大，但裂缝显著者，应予返修；

(3) 局部翻修应将空鼓部分凿去，四周宜凿成方块形或圆形，并凿进结合良好处 30～50mm，边沿应凿成斜坡形，如图 11-1 所示。

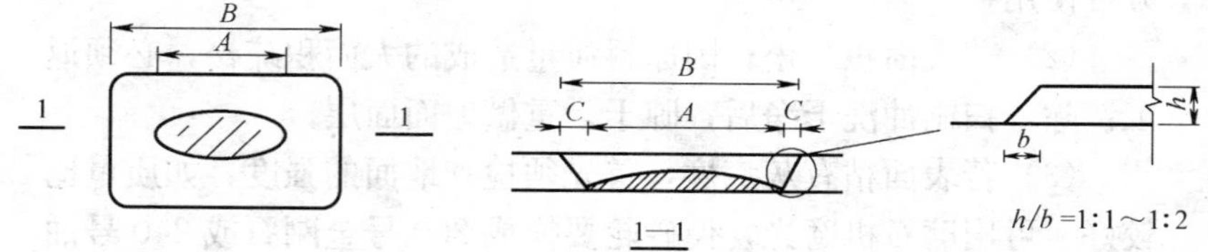

图 11-1 局部空鼓修补示意图

A—空鼓范围；B—凿除范围；C—30～50cm

底面表面应适当凿毛。凿好后将修补周围 100mm 范围内清理干净。修补前 1～2d，用清水清洗，使其充分湿润。修补时，先在底面及四周刷水灰比为 0.4～0.5 的素水泥浆一遍，然后用面层相同材料的拌合物填补，如原有面层较厚，分补时应分次进行，每次厚度不宜大于 20mm。终凝后，应立即用覆盖养护，严防早期产生收缩裂缝；

(4) 大面积空鼓，应将整个面层凿去，先将整个底面凿毛，再重新铺设新面层。有关清理、冲洗、刷浆、铺设和养护等要求须符合规定要求。

3. 水泥砂浆楼地面翻浆起砂怎么防治?

防治措施:

(1) 水泥应采用强度等级不低于 42.5、安定性合格，早期强度高的普通水泥或硅酸盐水泥;

(2) 水泥砂浆应较干硬，其稠度不小于 35mm;

(3) 采用中砂或中粗砂混合使用，其含泥量应小于 3%;

(4) 严格掌握面层压光时间，至少三遍，压光后及时加强养护，养护时应不少于 7～10d。

4. 地面遇有变形缝处如何处理?

情况说明: 地面遇有变形缝处。如果按一般的做法，应该做成下部为钢板，上部为预制水磨石块，两侧再下橡胶伸缩带的形式。此作法，加工繁琐且尺寸厚度难以准确，装饰效果也不太好。

处理方法: 对此，如何进行巧处理? 经研究分析认为，变形缝只要有 10mm 变形量就足够了。故此采用了 50mm 厚中黑花销石板做变形缝盖板，两侧各留 5mm 缝用黑色硅酮结构胶嵌缝，下部用结构胶点粘。此做法具有较好的装饰效果和可靠的使用性能，如图 11-2 所示。

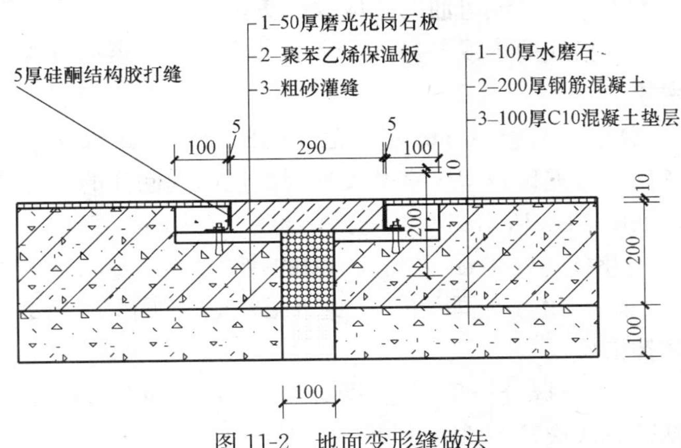

图 11-2 地面变形缝做法

5. 现制水磨石地面几种常见质量缺陷如何防治？

（1）分格条显露不清

现象：分格条显露不清，呈一条纯水泥斑带，外形不美观。

治理方法：如因磨光时间过迟，或铺设厚度较厚而难以磨出分格条时，可在砂轮下撒些粗砂，以加大其磨损量，既可加快磨光速度，又容易磨出分格条；

（2）分格条压弯（指铜条、铝条）或压碎（玻璃条）

现象：铜条或铝条弯曲，玻璃条断裂，分格条歪斜不直。这种现象大多发生在滚筒滚压过程中。

防控措施：

1）控制面层的虚铺厚度，虚铺厚度一般以高出分格条 5mm 为宜；

2）滚筒压滚前，应先用铁抹子或木抹子在分格条两边约 10cm 的范围内轻轻拍实，并应将抹子顺条处往里稍倾斜压出一个小八字；

3）滚筒滚压过程中，应用扫帚随时扫掉粘在滚筒和分格条上的石子，防止滚筒和分格条之间存在石子而压坏分格条；

4）分格条应粘贴牢固。铺设面层前，应仔细检查一遍，发现粘贴不牢而松动或弯曲的，应及时更换。

（3）分格线两边或分格条十字交叉处石子显露不清或不匀

现象：

1）分格条两边 10mm 左右范围内的石子显露极少，形成一条明显的纯水泥斑带。十字交叉处周围也出现同样的一圈纯水泥斑痕，如图 11-3 所示；

2）分格条两边 10mm 左右范围内的砂浆过高过多，不显示石子。十字交叉处周围也出现同样的一圈纯水泥斑痕，如图 11-4 所示。

防控措施：

1）正确掌握分格条两边砂浆的粘贴高度和水平的角度，正确的粘贴方法应按图 11-5 所示进行粘贴牢固；

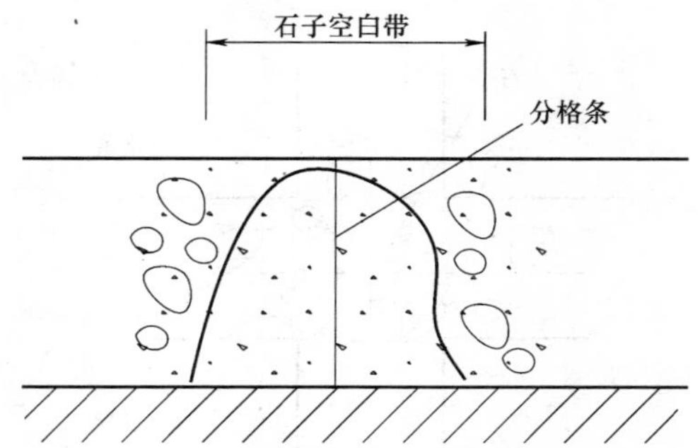

图 11-3 分格条砂浆粘贴过高不显示石子示意图

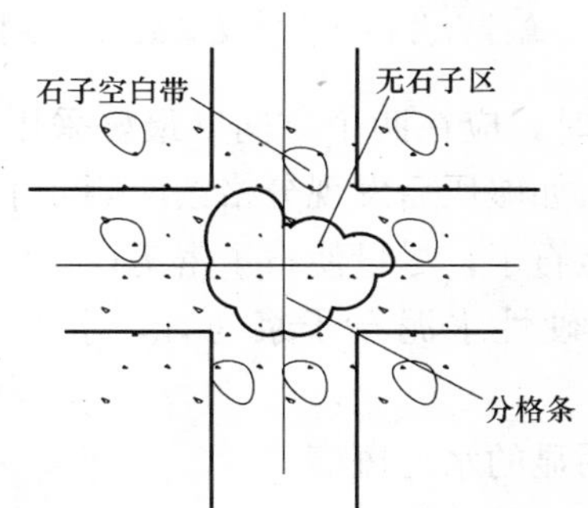

图 11-4 分格条十字交叉处砂浆过多过满示意图

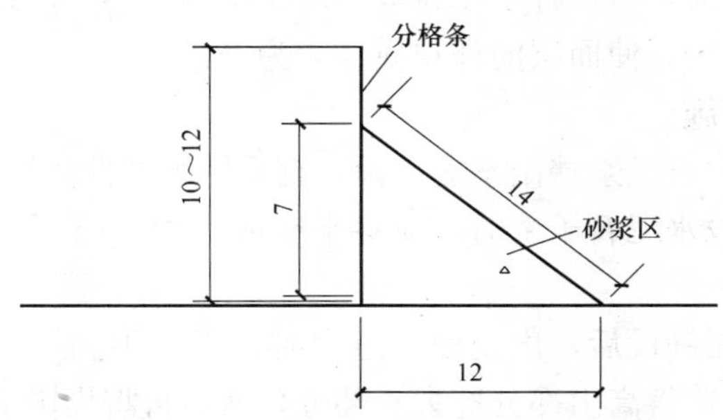

图 11-5 正确粘贴分格条两边砂浆的方法

2）分格条在十字交叉处的粘贴砂浆，应留出 15～20mm 左右的空隙。这样，在铺设面层水泥石子浆时，石子就能靠近十字交叉处，磨光后，石子显露清晰，如图 11-6 所示；

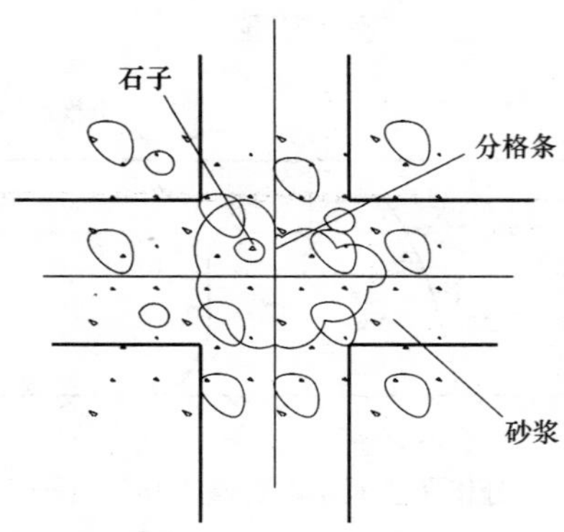

图 11-6　正确拌合分格条十字交叉处石子砂浆示意图

3）滚筒滚压时，应在两个方向（最好采用“米”字形三个方向）反复碾压。如碾压后发现分格条两侧或十字交叉处浆多石子少时，及时补撒石子，尽量使石子密集；

4）以采用干硬性水泥石子浆为宜，水泥石子浆的配比应正确。

（4）面层有明显的水泥斑痕

现象：一般有两种情况——一种斑痕是脚印斑痕，面积约与脚跟差不多大；另一种水泥斑痕的面积则大小不一。这种部位的石子明显偏少，使面层的外观质量大为逊色。

防控措施：

1）水泥石子浆拌制不能过稀，宜采用干硬性的水泥石子浆；

2）铺设水泥石子浆时，应穿平底或底楞凹凸不明显的胶鞋进行操作；

3）面层铺设后，出现面部过高时，不得用刮尺刮平，应用铁抹子或铁铲将高出部分挖去一部分，然后再将周围的水泥石子浆排挤磨平；

4）滚筒滚压过程中，应随时认真观察面层泛浆情况，如发现局部泛浆过多时，应及时增补石子，并滚压密实。

（5）水磨石地面裂缝

现象：大面积现制水磨石地面，一般都用在大厅、餐厅、休息厅、候车室等地面，施工后一段时间，经常会出现裂缝现象，如图 11-7 所示。

防控措施：

1）首层地面房心回填土应分层夯实，不得含有杂物和较大冻块，冬期施工中的回填土要采取保温措施，防止受冻；

门口或门洞处基础砖墙最高不超过混凝土垫层下皮，保持混凝土垫层有一定厚度；门口或门洞处做水磨石面层时，宜在门口两边镶贴分格条，避免设置狭长带，这对解决该处裂缝有一定作用；

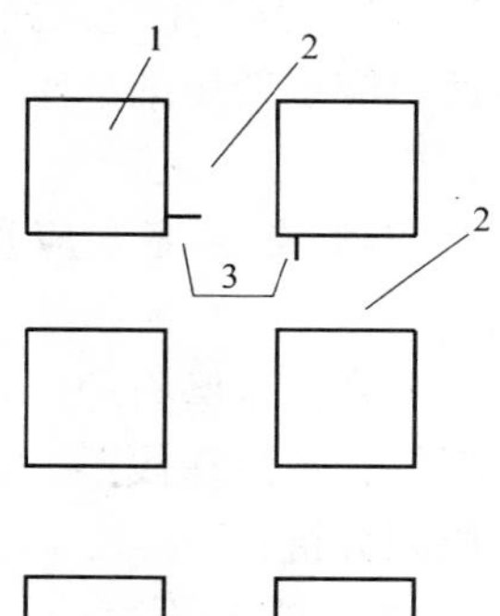

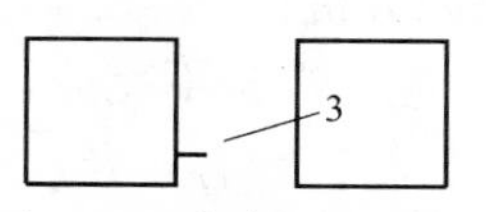

图 11-7　水磨石地面的狭长带出现裂纹示意图

1—方形分格块；
2—纵横狭长分格带；
3—裂缝

2）现制水磨石地面，混凝土垫层浇灌后应有一定的养护期，使垫层基本收缩后再做面层；较大的或荷重分布不均匀的房间，混凝土垫层中最好加配钢筋（双向 $\phi6@150\sim200$）以增加垫层的整体性。板缝和端头缝必须用豆石混凝土浇筑严实；

暗敷电线管不应太集中，管线上面至少应有 2cm 混凝土保护层，电线管集中或较大的部位，垫层可采用加配钢筋网做法；

3）做好垫层表面清扫处理，保证上下层粘结牢固；

4）尽可能使用干硬性混凝土和砂浆。混凝土坍落度和砂浆稠度过大，必然扩大收缩裂缝的机会，并降低强度，引起水磨石地面空鼓裂缝。

（6）表面光亮度差，细洞眼多

现象：表面粗糙，有明显的磨石凹痕，细洞眼多，光亮度差。

治理措施：

1）对于表面粗糙，光亮度差的，或者出现片片斑痕的水磨石地面，应重新用细金刚石砂轮或油石打磨一遍，直至表面光滑为止；

2）洞眼较多者，应重新补浆一遍，直至打磨后消除洞眼为止。

（7）彩色水磨石地面颜色深浅不一，彩色石子分部不匀

现象：色泽深浅不一，石子混合和显露不匀，外观质量差。

原因分析：

1）施工准备不充分，材料使用不严格，由于不同厂、不同批号的材料性能有差异，结果就出现颜色深浅不同的现象；

2）每天所用的面层材料没有专人负责配置，往往随用随拌，随拌随配。操作马虎，检查不严，造成配合比不正确。

防控措施：

1）严格用料要求。对同一部位、同一类型的地面所需的材料（如水泥、石子、颜料等），应使用同一厂、同一批号的材料一次进场，以确保面层色泽一致；

2）认真做好配料工作。施工前，应根据整个地面所需要的用量，实现一次配足。配料时应注意计量正确，拌合均匀，还要用筛子筛匀。水泥和颜料拌合均匀后，仍用水泥袋每包按一定重量装起来，待日后使用，以免水泥暴露在空气中受潮变质。石子拌合筛匀后，应集中储存待用。这样在施工时，不仅速度快，也容易保证地面颜色深浅一致，彩色石子分布均匀；

3）固定专人配料，加强岗位责任制，认真操作，严格检查；

4）外观质量要求较高的彩色水磨石地面，施工前应先做若干小样，经建设单位、设计单位和施工单位等商定其最佳式样后再行施工。

（8）不同颜色地面的水泥石子浆色彩污染

现象：色彩污染现象大多发生在不同颜色地面的分界处（即

分格条边缘处），成点滴状或细条状，有时分格块中间也有点滴异色。

防控措施：

1）对于掺有颜料的水磨石地面，应特别注意铺设顺序。一般应先铺设掺有颜料的部分，后铺设不掺有颜料的部分或先铺设深色部分，后铺设浅色部分；

2）掌握好面层的铺设厚度，特别是分格条处，不能过高，也不能过低。沿分格条两边应认真细致的拍实，避免空隙和低洼，当一种颜色的面层铺设完成后，应对分格条做一次认真的清理，再铺另一种颜色水泥石子浆时，应再次检查一遍；

3）补浆工作认真细致，先补不掺颜料或浅色的部位，后补掺有颜料或深色的部位；

4）对于彩色水磨石地面，铺设面层前所刷的素水泥浆结合层，其色彩（及配比成分）应与面层相同。

（9）面层褪色

现象：面层刚做好时，色泽较鲜艳，但时间不长就逐步褪色，影响美观。

防控措施：采用耐碱性能（有太阳照射的地面还应有耐光性能）好的矿物颜料。由于颜料的品质、名称较多，因此在采购和使用时，应加以注明，如氧化铁黄（又名铁黄，学名叫含水三氧化二铁）的耐碱、耐光性能都非常强，是比较理想的黄色系颜料。而铬黄（又名铅铬黄、黄粉等，学名叫铬酸铅）耐碱和耐光性能较差，在地面中不宜采用。

6. 预制水磨石、大理石、花岗石地面空鼓怎样治理？

治理方法：

（1）由于基土不密实，造成地面板块空鼓、动摇裂缝等，要查明原因后再进行处理；

（2）将空鼓的板块返工，挖除松软土层，换合格的土回填密实整平，再铺垫层；

（3）清除基层面的泥灰、砂浆等杂物，并冲洗干净；

（4）拉好控制水平线，先试拼、试排、确定相应尺寸，以便切割；

（5）砂浆应采用干硬性的，配合比为1∶2的水泥砂浆，砂浆稠度掌握在30mm以内；

（6）铺贴板块：铺浆由内向外铺刮赶平，将洗净晾干的板块反面刮一层水泥浆，就位后用木锤或橡皮锤垫木块敲击，使砂浆振实，全部平整、纵横缝隙一致、无高低差；

（7）灌缝、擦缝：板块铺后养护2d。在缝内灌水泥浆，要求颜色与板块同，待水泥浆初凝时，用棉纱蘸色浆擦缝，注意养护和保护成品，在7d内不准在上面操作和堆放重物。

7. 预制板块地面接缝高低差大，拼缝宽窄不一怎么防治？

防治措施：

（1）严格控制板块质量，正确掌握好接缝的高低差和缝宽，发现不符合标准的，要及时调换和纠正；

（2）检查已铺好后局部沉降的板块接缝高低差，要将沉降板块掀起，凿除粘结层，扫刷冲洗干净晾干。刷水泥浆一遍，铺1∶2干硬性水泥砂浆粘结层，要掌握厚度和密实度，铺板块须用木锤或橡皮锤垫木块敲打密实和平整，要和周边板块标高齐平，四周缝要均匀。用原色水泥浆灌缝和擦缝，成品养护和保护7d后使用。

8. 怎样处理好楼板板缝？

楼板裂缝是一种常见质量通病。现介绍一种施工方法，可防楼板板缝之间开裂。

处理方法：

（1）对楼板缝之间做灌缝处理，板缝宽度以25～30mm为宜，用钢筋或角钢做吊模，如图11-8所示；

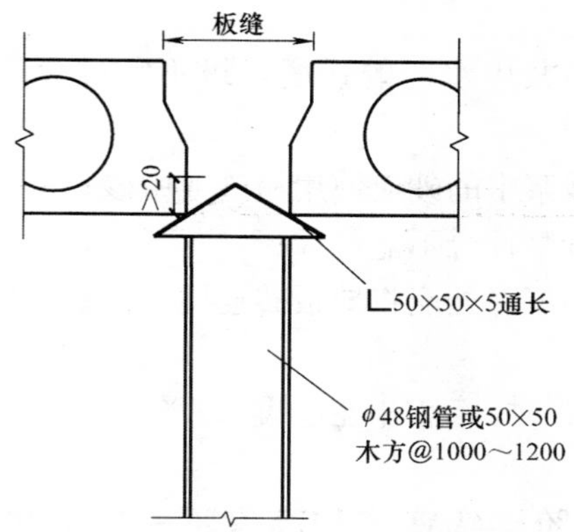

图 11-8　预制板板缝浇筑法示意图

（2）在灌板缝之前，先用水冲洗，然后沿板缝在吊模上刷素水泥浆一遍，随后铺 10～20mm 厚 1：2 水泥砂浆，接着浇筑 C25 细石混凝土，用微型振动棒或振动片振实搓毛；

（3）按要求进行混凝土养护，待混凝土同条件养护试块强度达到设计强度标准值 80％后方可拆模；

（4）灌板缝工序应隔楼层施工，最好隔两层，也就是说，当第三层的预制板安装后第一层才开始灌板缝，这样做一能避免因上边板缝中掉东西，影响到下边人员的安全和施工；二能避免刚灌好的板缝受运料推车的碾压和倒运材料的振砸，并为灌缝混凝土的养护提供良好环境；

（5）顶层预制板安装结束时因不受其他因素的影响，可及时灌缝，待灌缝混凝土强度达到要求后再做保温层，确保整体效果。

实践证明，在做室内地坪之前，用水冲扫检查，可保 90％以上的板缝不漏水。

9. 地板砖表面出现开裂或产生大面积鼓起怎么办？

现象：地板砖使用一段时间后，地板砖表面出现开裂或产生大面积鼓起。

防控措施：

（1）水泥砂浆中水泥的强度等级不宜过大，强度等级应为32.5或42.5；

（2）水泥砂浆中的砂应使用粗砂或中砂；

（3）水泥砂浆拌合不能过稀；

（4）结构易沉降处应将地板砖连同水泥砂浆层切开，或做过渡条；

（5）地板铺设时，气温不能过低，现场温度高于5℃时才能施工。

10. 楼梯或台阶踏级宽度和高度不一怎么防治？

现象：楼梯或台阶的踏级宽度和高度不一致，会使行人上下时出现一脚高、一脚低的情况，既不方便，又不舒服，外形也不美观。

防治措施：

（1）对于踏级高度和宽度偏差较大的，或外观质量要求较高的楼梯或台阶，应作翻修处理；

（2）为确保踏级的位置正确和宽、高度尺寸的一致，在抹踏级面层前，应根据平台标高和楼面标高，先在侧面墙上弹一道踏级标准斜坡线，然后根据踏级部数将斜线等分，这样斜线上的等分各点即为踏级的阳角位置。根据斜线上的各点位置，抹前应对踏级进行恰当的錾凿；

（3）对于不靠墙的独立楼梯，如无法弹线，可在抹面前，在两边上下拉线进行抹面操作，必要时可做出样板，以确保踏级高、宽尺寸一致。

11. 楼梯和台阶踏级阳角处裂缝、脱落怎样治理？

现象：踏级在阳角处裂缝或脱落，有的在踏级平面上出现通长裂缝，然后沿阳角上下逐步剥落，既影响使用，又影响美观。

治理方法：

（1）当裂缝或脱落比较严重而影响行人交通或对外观质量要求较高时，应做翻修处理；

（2）翻修时，应将踏级抹面凿去，再根据平台标高和楼面标高，先在侧面墙上弹一道踏级标准斜坡线，然后根据踏级部数将斜线等分，这样斜线上的等分各点即为踏级的阳角位置；

（3）根据斜线上的各点位置，抹前对踏级进行恰当的錾凿，最后重新抹面。

12. 楼梯和台阶踏级踢脚板外倾怎样治理？

现象：踏级踢脚板外倾，外形难看，行人上下时，脚尖容易撞到踢脚板上。

治理方法：

（1）对于踢脚板外倾较大，或外观质量要求较高，以及影响地毯压条设置时，应做翻修处理；

（2）将踏级抹面凿去，并将踢脚板部位凿至设计所需要的位置，在抹踏阶面层前，应根据平台标高和楼面标高，先在侧面墙上弹一道踏阶标准斜坡线，然后根据踏阶步数将斜线等分，这样斜线上的等分各点即为踏阶的阳角位置；

（3）根据斜线上的各点位置，抹前应对踏阶进行恰当的錾凿，最后进行抹灰施工。

13. 楼梯和台阶水泥踢脚板空鼓怎样治理？

现象：这种空鼓多发生在面层与底层之间，或是底层与基层之间，用小锤敲击时有空鼓声，并常伴有裂缝，严重时会剥落。

治理方法：对于局部和轻微裂缝、空鼓，不影响使用和外观时，一般可不做翻修处理。当裂缝、空鼓严重时，或产生剥落情况，应做翻修处理。

14. 涉水房间地漏与地砖结合处怎么处理更好？

处理方法：

（1）当地砖的尺寸较小时（如 300mm×300mm 左右），可采用地砖与地漏的套割的做法，如图 11-9 所示。

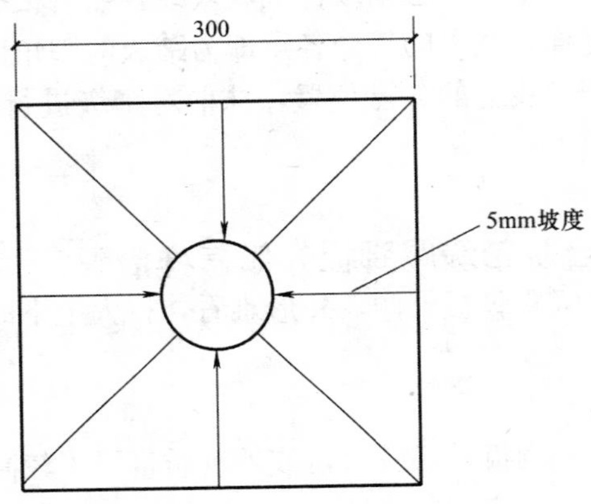

图 11-9　小尺寸地砖与地漏的套割做法示意图

（2）当地砖尺寸较大时（如 500mm×500mm 以上时），可先在大砖正中嵌套一块小砖，如图 11-10 所示。小砖与地漏之间

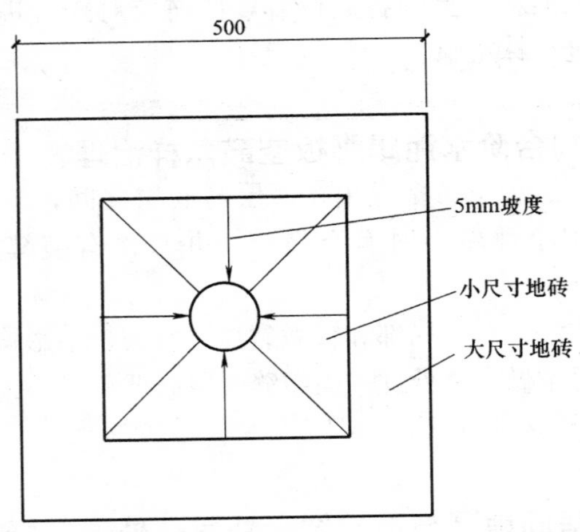

图 11-10　大尺寸地砖与地漏的套割排水做法示意图

的套割同小尺寸地砖与地漏的套割做法进行处理即可。这样处理的好处有两个：一是地砖居中，美观；二是利用对角线割缝找出一定的坡度，有利于排水，满足功能要求。

（3）墙地砖对缝处理：为了达到墙地砖对缝的效果，地砖采用方形规格，若不能实现则尽量选择墙砖水平方向上的尺寸与地砖尺寸互为整数倍。例如：墙砖水平方向宽度为 200mm，地砖宜选择 200mm×200mm 或 100mm×100mm。

只有这样才能达到处理缝隙的效果，然后根据房间的大小，进行内墙砖的排砖设计。

15. 防潮层怎样做才能不失效?

处理方法：

（1）油毡防潮层：油毡防潮层分为干铺和粘贴两种。干铺油毡防潮层是在防潮层部位 20mm 厚的 1∶3 水泥砂浆找平层上干铺油毡一层；粘贴作法是在砂浆找平层上刷冷底子油一道，而后用热沥青粘贴油毡，再在油毡上涂刷一层热沥青，形成一毡二油的防潮层；

为了确保防潮效果，不论干铺或粘贴，油毡的宽度应比墙宽 20mm，油毡搭接应不小于 100mm。干铺油毡的做法把防潮层上下的砌体分开，破坏了墙的整体性，不能用于地震区；

（2）防水砂浆防潮层：在设置防水砂浆防潮层部位，抹 20mm 厚掺入防水剂的 1∶2 水泥砂浆。防水剂与水泥混合凝结时，产生不溶物质，能起到填充、封闭细孔的作用。常用的防水剂为成品防水粉，防水粉的掺量一般为水泥质量的 5%；

（3）细石混凝土防潮层：细石混凝土防潮层是采用墙厚每 60mm 内配 1ϕ6 或 3ϕ8 钢筋。混凝土比砂浆密实，能在一定程度上阻断毛细水。配置钢筋之后，能防止基础不均匀沉降造成的混凝土带开裂；

（4）防水砂浆砖砌防潮层：防水砂浆砖砌防潮层是在防潮层部位用防水砂浆砌 4 至 6 皮砖以达到防潮目的，其位置在室内地坪之上或之下。

16. 防反潮地面有何新做法？

情况说明：紧邻河湖或地下水位高的建筑物地面，大都反潮严重，致使墙面斑驳，影响使用。地面返潮，除与施工质量有关以外，还与防水构造有关。现介绍一种方法可防地面反潮。

具体做法：在地面改造时，用200mm厚、粒径为20～60mm的石渣做垫层，用平板振捣器振实；混凝土地面强度等级为C20，水泥用量不小于320kg/m^3，水灰比为0.55～0.6，混凝土浇筑时振捣密实；面层水泥砂浆内掺5%防水粉。防潮地面构造见如图11-11所示。

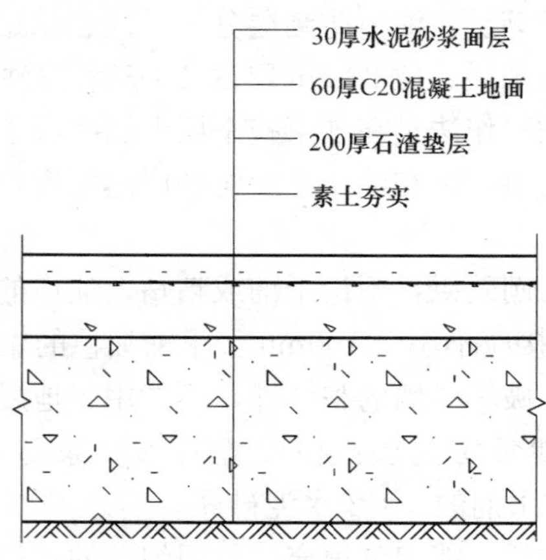

图11-11 防潮地面构造示意图

17. 石膏阻燃胶合板（木质）基层如何处理？

（1）表面有污垢怎么处理？

处理方法：若板材上有油垢，此板严禁施工上墙；若施工上墙被油污，油污面积大时，要换掉该板；

（2）表面有水泥砂浆或乳胶喷溅物等凸起物怎么处理？

处理方法：用铲刀、刮刀等清除水泥砂浆和乳胶喷溅等凸起物，注意不要损坏石膏板的纸面。

（3）板材脱胶、反翘怎么处理？

处理方法：重新施胶打钉钉牢，钉眼要防锈。

（4）表面露出自攻螺钉怎么处理？

处理方法：阻燃胶合板面上，可用钻子或铁钉尖头将外露钉敲进板内并刮嵌油性腻子防锈；石膏板面上将外露钉旋进石膏板内 3mm 并点防锈漆防锈。

（5）表面粉末状黏附物怎么处理？

处理方法：用毛刷、扫帚及吸尘器清除。

18. 木地板质量缺陷怎么防治？

木地板一般用于高级或有特殊要求（如弹性、隔音、隔热）的地面，多数采用实铺法施工，即在混凝土垫层或楼板内预埋锚固铁件固定木搁栅，将毛地板或地板条钉在木搁栅上；拼花地板则将地板条钉在毛地板上。

上述方法铺设的木地板工程，常见的质量通病防治措施如下：

（1）踩踏时有响声的防治？

现象：人行走时，地板发出响声。轻度的响声只在较安静的情况才能发现，施工中往往被忽略。

防治措施：

1）检查木地板响声，最好在木搁栅铺钉之前先检查一次，铺钉毛地板后再检查一次，如有响声，针对产生响声的原因进行修理；

2）垫木不实或有斜面，可在原垫木附近增加一二块厚度适当的木垫块，用钉子在侧面钉牢；

3）铅丝松动时，应重新绑紧或加绑一道铅丝；

4）锚固铁顶部呈弧形造成木搁栅不稳定，可在该处用混凝土将其筑牢；

5）锚固铁间距过大时，应增加锚固点。方法是凿眼绑钢筋棍或用射钉枪在木搁栅两边射入螺栓，再加铁板将木搁栅固定。

（2）木地板缝不严怎么办？

现象：木地板面层缝不严，板缝宽度大于0.3mm。

防控措施：缝隙小于1mm时，用同种木料的锯末加树脂胶和腻子嵌缝。缝隙大于1mm时，用相同材料刨成薄片成刀背影，蘸胶后嵌入缝内刨平。如修补的面积较大，影响美观，可将烫蜡改为油漆，并加深地面颜色。

（3）木地板表面不平整怎么治理？

现象：走廊与房间、相邻两房间或两种不同材料的地面相交处高低不平，以及整个房间不水平等。

治理方法：

1）两种不同材料的地面如高差在3mm以内，可将高处刨平或磨平，但必须在一定范围内顺平，不得有明显痕迹；

2）门口处高差为3～5mm可加过门石处理；

3）高差在5mm以上，须将木地板拆开调整木搁栅高度（砍或垫），并在2m以内顺平。

（4）木地板拼花不规矩怎么办？

现象：拼花地板对角不方、错牙、端头不齐、圈边宽窄不对称。

治理方法：

1）局部错牙；端头不齐在2mm以内者，用小刀锯将该处锯一小缝，用相同材料刨成薄片成刀背影，蘸胶后嵌入缝内刨平；

2）一块或一方地板压条偏差过大时，应将此方（块）挖掉，换上合格的地板条并用胶补牢；

3）错牙不齐面积较大不易修补的，可以加深地板油漆的颜色进行处理。

（5）木地板颜色不一致如何防治？

现象：木地板所用材料树种不完全相同，即使树种相同颜色也不尽一致，如将不同颜色的地板条混用，势必影响木地板美观。

防治措施：

1）施工前对地板条应先挑选，按颜色分类编号，一个房间最好用相同号；

2）如一个号的地板条不足一个房间时，可调配使用，颜色由浅入深或由深入浅逐渐过渡，并注意将颜色深的用在光线强的部位，颜色浅的用于光线弱的部位，使色调得到调整；

3）对颜色过分混杂的，应适当加深木地板的油漆颜色予以掩盖。

（6）木地板表面戗槎怎么办？

现象：木地板戗槎，出现整片的毛刺，或出现异常粗糙的表面。尤其在地板的上油烫蜡后更为明显。

治理方法：

1）有戗槎的部位应仔细用细刨手工刨平；

2）如局部戗槎较深，细刨也不能刨平时，可用扁铲将该处剔掉，再用相同的材料涂胶镶补。

（7）木地板起鼓怎么办？

现象：地板局部隆起，轻则影响美观，重则影响使用。

治理方法：将起鼓的木地板面层拆开，在毛地板钻若干通气孔，晾一星期左右，待木搁栅、毛地板干燥后再重新封上面层，此法返工面积大。修复席纹地板铺至最后两档时，档要同时交错向前铺钉，最后收尾的一方块地板，一头有另一头无，应互相交错并用胶粘牢。

（8）木踢脚板安装表面不平，与地面不垂直怎么办？

现象：木踢脚板表面不平，与地面不垂直，接槎高低不平、不严密。

防范措施：

1）墙体内应预留木砖，中距不得大于400mm，木砖要上下错位设置或立放，转角处或最端头必须设木砖；

2）加气混凝土墙或其他轻质隔墙，踢脚以下要砌普通机砖墙，以便埋设木砖；

3）钉木踢脚前先在木砖上钉垫木，垫木要平整，并拉通线找平，然后再钉踢脚板；

4）为防止木踢脚翘曲，应在其靠墙的一面设两道变形槽，槽深 3～5mm，宽度不少于 10mm；

5）木踢脚上面的平线要从基本平线往下量，而且要拉通线；

6）墙面抹灰要用大刮尺刮平，安踢脚板时要贴严，踢脚板上边压抹灰墙不小于 10mm，钉子尽量靠上部钉；

7）踢脚板与木地板交接处有缝隙时，可加钉三角形或半圆形木压条。

19. 塑料板面层地面质量缺陷如何治理？

（1）面层空鼓怎么治理？

现象：面层起鼓，手掀有气泡或边角起翘。

治理方法：起鼓的面层应沿四周焊缝切开后予以更换，基层应作认真清理，用铲子铲平，四边缝应切割整齐。新贴的塑料板在材质、厚薄、色彩等方面应与原来的塑料板一致。待胶粘剂干燥硬化后再行切割拼缝，并进行拼接焊接施工。

（2）塑料板颜色、软硬不一怎么治理？

现象：外观颜色深浅不一，行走时脚下感觉软硬不同。

治理方法：在一般建筑中不影响使用或不发生空鼓等现象时，一般可不作修理；但对外观及使用质量要求较高的，以及产生起鼓、影响拼接焊接质量的，应予修补。修理方法可按治理面层空鼓方法处理。

（3）塑料板铺贴后表面呈波浪形怎么办？

现象：目测表面平整度差，有明显的波浪形。

治理方法：可参照“面层空鼓”治理方法进行。

（4）拼接焊接未焊透怎么办？

现象：焊接两边有焊瘤，焊条熔化物与塑料板粘结不牢，有裂缝、脱落等现象。

治理方法：对焊接不牢（或不透）的地方应返工，并按有关规定要求重新施焊。

（5）焊接发黄烧焦，有黑色斑点怎么办？

现象：用肉眼观察有明显的黄斑、焦斑。

治理方法：对于不影响或不发生空鼓、裂缝等现象者，一般可不作翻修处理。但对外观质量要求较高的高级装修，或有空鼓、裂缝者，应予翻修处理。翻修的焊缝应按有关规定要求实施。

（6）焊缝凹凸不平宽窄不一怎么办？

现象：焊缝表面高低不平，宽窄不一致，外观质量较差。

原因分析：

1）塑料板坡口切割宽窄、深浅不一致；

2）焊接后，在焊缝熔化物尚未完全冷却的情况下就进行切割工作，俗称“热切”，冷却后往往缩成凹形，如图 11-12（*b*）所示；

3）拼缝坡口大而焊条体积小，焊好后也会使焊缝形成凹形；

4）焊枪的压力过高，将焊缝处的熔化物吹成波浪形状。

防控措施：

1）拼缝坡口切割应正确，边缘应整齐、平滑，角度不能过大过小，如图 11-12（*a*）所示；

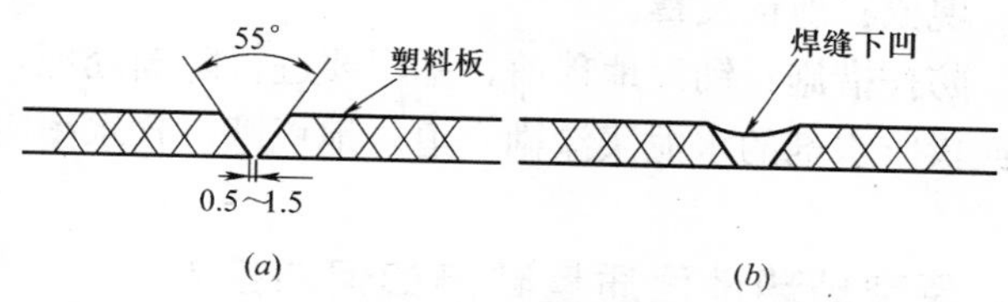

图 11-12　“热切”造成焊逢下凹和塑料板坡口示意图

2）焊缝的切平工作，应待焊缝温度冷却到室内常温后再进行操作；

3）拼缝的坡口尺寸应与焊条尺寸协调一致，使熔化物冷却后略高于塑料板面，经切平后成为一条平整的焊缝；

4）焊枪的空气压力应适宜，以0.08～0.1MPa为宜；

5）拼缝坡口切割和焊接施工前，应先做小样试验，以便确定合理的坡口角度和焊条尺寸。

治理方法：可按“焊缝发黄、烧焦、有黑色斑点”的治理方法处理。

20. 地毯铺设中常见的质量缺陷如何防控？

地毯铺设地面要求表面要平整，拼缝处粘贴牢固，严密服贴，图案吻合。其常见的质量通病及防治措施是：

现象：地毯卷边、翻边。

防控措施：墙边、柱边应钉好倒刺板，用以固定地毯；粘贴接缝时，刷胶均匀，铺贴后要拉平压实。

现象：地毯表面不平。

防控措施：地毯表面不平面积不应大于4mm；铺设地毯时必须用大小撑子或专用张紧器张拉平整后方可固定；铺设地毯前后应做好地毯防雨、防潮。

现象：地毯显露拼缝、收口不顺直。

防控措施：地毯接缝处用弯针做绒毛密实的缝合，收口处先弹线，收口条跟线钉直；严格按房间尺寸裁割地毯。

现象：地毯发霉。

防控措施：铺设地毯前，基层要进行防潮处理，可用乳化沥青或掺防水剂的水泥浆涂刷一道；地毯基层含水率应小于8%。

21. 架空玻璃地面质量缺陷如何防控？

架空玻璃地面又称发光地面，发光楼地面是指地面采用透光材料，光线由架空地面的内部向室内空间透射的一类地面。是将一定规格的安全玻璃块材（钢化玻璃、夹层玻璃等）安装固定于特制的架空式钢架或其他类型骨架上的做法。其常见的施工质量缺陷及防控措施主要有：

现象：玻璃松动。

防控措施：

1）玻璃安装时，橡胶垫条要用胶粘牢；

2）橡胶密封条要嵌填密实，压条与玻璃的配合间隙不要过大；

3）钢架要焊平整，与地面固定牢固；

4）玻璃与T形条之间的接缝不能过大，宜为2～3mm；

5）选用橡胶垫条的厚度要均匀。

现象：玻璃底面常有水珠或水雾。

防控措施：

1）基层支架要按要求留出风孔；

2）玻璃要选用中空安全玻璃，以避免由低温引起的水汽凝结；

3）面层玻璃之间的接缝处理要密封，选用配套的橡胶密封压条，压条的配合间隙要合适；

4）施工前，检查中空玻璃的质量，密封不良而产生漏气现象的玻璃不能使用。

第十二章　建筑抹灰工程

1. 外墙孔洞及穿墙螺栓孔如何处理？

处理方法：外墙面在抹灰前应先堵好架眼及孔洞。封堵脚手架和孔洞时，应清理干净，浇水湿润，然后采用干硬性细石混凝土封堵严密。穿墙螺栓孔宜采用聚氨酯发泡剂和防水膨胀干硬性水泥砂浆填塞密实，封堵后孔洞外侧表面应先进行防水处理，再进入下道工序施工。

2. 内墙面空鼓、裂缝怎么防治？

防治措施：

（1）抹灰前认真做好基层处理，将基层表面清扫干净，脚手架孔洞填实堵严，墙表面凸出部分要事先剔平刷净；

（2）墙体不同基层材料相接处应铺钉金属网，两边搭接宽度不小于 100mm；

（3）加气混凝土基层，宜先刷 1∶4（体积比）的 108 胶水溶液一道，再用 1∶1∶6 水泥混合砂浆修补抹平；

（4）基层墙面应在施工前一天浇水，要浇透浇匀；

（5）采取措施使抹灰砂浆具有良好的施工和易性和一定的粘接强度；

（6）在分层抹灰操作中，包括表面压光，要适当掌握，不可反复抹压；

（7）成品后注意养护好。

3. 门窗洞口、踢脚板、墙裙上口等抹灰面空鼓、裂缝怎么防治?

防治措施:

(1) 首先要遵循门、窗、框塞缝操作工序，采用聚氨酯发泡材料将空隙密封；

(2) 抹灰之前，要认真清理和提前浇水，使水渗入砖墙里面8～10mm；

(3) 一次抹灰不能过厚，应分层抹平，每层厚度为7～9mm；

(4) 同时要加强对原材料和不同基层砂浆配比的控制；

(5) 抹完罩面灰后，等灰浆收水后再进行压光。

4. 抹灰面层起泡、有抹纹、爆灰、开花怎么办?

防控措施:

(1) 抹罩面灰时，应在墙面上浇适量的水，然后再压光；

(2) 使用磨细生石灰粉时，对欠火灰、过火灰颗粒及渣滓应彻底过滤；

(3) 适当延长灰粉熟化时间。

5. 抹灰面不平、阴阳角不垂直、不方正怎么办?

防控措施:

(1) 抹灰前应认真挂线，做灰饼和冲筋；

(2) 阴阳角处亦要冲筋、顺杠、找规矩。

6. 踢脚板、水泥墙裙、窗台板等上口或出口墙，厚度不一致，上口有毛刺和口角不方正怎么办?

防控措施:

(1) 操作时应按要求吊垂直，拉线找直、找方；

(2) 对上口的处理，应待大面抹完后及时返尺把上口抹平、压光，取走靠尺后用阳角抹子将角捋成小圆。

7. 暖气槽两侧、上下窗口墙角抹灰不通顺怎么办？

防控措施：应按规范要求吊直，上下窗口墙角应使用通长靠尺，上下层同时操作，一次做好。

8. 水、电、消防箱背后墙面抹灰裂缝、空鼓怎么办？

配电箱、消防箱、水表箱等一般嵌镶在只有200mm厚的内墙上，这些箱体安装后有的占去墙厚的一半甚至更多。这对其背后墙面的抹灰造成很大困难。必须采取措施防止这个部位墙面抹灰裂缝、空鼓。

防控措施：

（1）水、电、消箱背后墙面抹灰层要满挂钢丝网片，网片超出箱后宽度至少100mm。外层再抹抗裂砂浆，内压抗碱玻纤网格布；

（2）钢丝网也要有一定要求。即网孔尺寸不应大于20mm×20mm，其钢丝直径不应小于1.2mm，应采用热镀锌电焊钢丝网，并宜采用先成网后镀锌的后热镀锌电焊网；

（3）钢丝网应用钢钉或射钉加铁片固定，间距不大于300mm；

（4）外层再抹抗裂砂浆，内压耐碱玻纤网格布。

9. 填充墙上如何剔凿穿线管槽及敷设线管？

治理方法：在填充墙上剔凿设备孔洞、槽时，应先用切割锯沿边线切开，后将槽内砌块剔除，应轻凿，保持砌块完整，如有松动或损坏，应进行补强处理。剔凿深度应保持线管管壁外表面距墙面基层15mm，导线管每间隔500mm用铁钉钉入墙体然后弯向线管，将线管卡紧，并用M10水泥砂浆填实抹平，若沟槽底面不平整，个别凹处深，则需先坐砂浆，后敷管，导线管每间隔500mm用铁钉钉入墙体将外挂钢丝网片两边压入墙中不小于

100mm。最后按施工工艺抹灰、粉刷墙面。

10. 管道背后抹灰面不平、不光怎么办?

防控措施： 管道安装应按要求安装过墙或过板套管，管后抹灰应采用专用工具（长抹子或称大鸭嘴抹子、刮刀等）。

11. 接顶、接地阴角处不顺直怎么办?

防控措施： 为保证阴角处的顺直，抹灰时应使用横竖刮尺；罩面时使用方抹子的边、角部位仔细操作。

12. 现浇混凝土顶板怎样进行“毛代处理”?

治理方法： 在对现浇混凝土顶板抹灰之前，需对顶板进行基层处理。可采用“毛代处理”办法。即先将表面尘土、污垢清扫干净，用碱水将顶面的油污涮掉，随之用净水将碱液冲净、晾干，然后在1∶1水泥细砂浆内掺相当水重20%的胶粘剂，用机喷后，用扫帚将砂浆甩到顶上，其甩点要均匀，初凝后要用水养护，直至水泥砂浆达到用手掰不动为止。

13. 现浇顶棚抹灰面有空鼓、裂缝怎么办?

防控措施：

（1）现浇混凝土楼底板表面木丝、油垢等杂物必须清理干净，油污、隔离剂等必须用清水加10%的火碱洗涮干净；

（2）抹灰前一天应喷水湿润，抹灰时在洒一遍水；

（3）楼板底凸出的地方要凿平，凹部要用1∶2水泥砂浆抹平。水灰比尽量小，顶棚砂浆尽量采用纸筋石灰砂浆或麻刀灰砂浆；

（4）顶棚抹灰完成后应把门窗关好，使抹灰层在潮湿空气中养护。

14. 外窗台斜坡抹灰有什么要求？

具体要求：外窗台应做出向外的流水斜坡，坡度不小于10％，内窗台应高于外窗台10mm。窗楣上做鹰嘴或滴水槽。

15. 滴水槽处起条后不整齐、不美观怎么办？

防控措施：窗台、碹脸下面应留滴水槽，在施工时应设分割条，起条后应保持滴水槽有10mm×10mm的槽；起条后应用素水泥浆勾缝，并将损坏的棱角及时修补好。严禁抹灰后用溜子划缝压条，或用钉子划勾。

16. 同一层的窗台、窗口标高不一致怎么办？

防控措施：为使同一层的窗台标高一致，保证外饰面抹灰线条的横平、竖直。首先要求结构施工时标高要正确，其次是在抹灰之前，需拉通线，找规矩。考虑好抹灰层厚度，并应注意窗台上表面抹灰深入框内10mm，并应构成小圆角，上口应找好流水坡度。

17. 抹灰面层接槎不平、颜色不一致怎么办？

原因分析：槎子甩的不规矩，留槎不平，故接槎时难找平。

防控措施：

（1）注意接槎应避免在块中，应留置在分条处，或不明显的地方；

（2）外抹水泥一定要采用同品种，同批号进场的水泥，以保证抹灰层颜色一致；

（3）施工前基层浇水要透，便于操作，避免压实困难将表面压黑，造成颜色不匀。

18. 冬期抹灰砂浆受冻问题怎样解决？

解决方法：早冬期进行抹灰施工时，要根据不同的施工环境采用不同做法，即热做法：采取必要的防寒保暖措施，提高操作环境的温度；冷做法：即在砂浆中掺加防冻剂以降低砂浆的冰点。室外抹灰时主要采用冷做法。采用冻结法砌筑的墙在未化冻以前不宜抹灰。

19. 加气块墙面抹灰层开裂如何避免？

防控措施：

（1）首先做好墙面基层处理。浇上适量的水2～3次，使砌体表面浸水，水深度为20～30mm；再喷一层界面砂浆，以封闭砌体上的气孔，涂刷界面剂后养护3d以上方可抹灰；

（2）选用专用的抹灰砂浆或粉刷石膏进行抹灰。配合比为：水泥：粉煤灰：砂＝1：0.3：3，采用此配比可使砂浆与砌块表面张力要求基本一致，可以减少墙面裂缝；

（3）钉加强网。在砌体与混凝土梁、柱、剪力墙、过梁、门窗边缘以及暗敷电管等关键部位均要视情况铺钉钢丝网片或铺贴耐碱玻纤网格布，开槽处大于250mm宽度的要在接缝两侧附贴500mm；

（4）抹灰厚度。抹灰应分层进行，底灰抹8mm厚并压实、找平、搓毛；待底子灰终凝后再抹中层灰，中层抹7mm厚；面层抹灰5mm厚，用铁抹子压实抹光；

（5）洒水养护，时间不少于7d。

20. 砖墙墙身受腐蚀和墙面抹灰脱落怎么修补？

治理措施：

（1）当砖墙墙身受腐蚀不太严重时，可将起粉、脱皮的部分除掉，用1：2～1：3水泥砂浆抹面，以保护墙身；

（2）当砖墙墙身受腐蚀比较严重时，可将受腐蚀的部分拆除，用水泥砂浆重新镶砌新砖，再用1：2～1：3水泥砂浆抹面，以免墙身发生危险；

（3）当墙面抹灰损坏脱落时，可将松脱的抹灰层铲除，接槎处凿毛，清扫干净，洒水湿润，然后重做抹灰层。

第十三章　门窗安装工程

1. 外窗渗漏如何避免?

表现： 外窗框周边易出现渗水；组合窗的拼接处易出现渗水。

防控措施：

（1）外窗制作前必须对洞口尺寸逐一校核，保证门窗框与墙体见有适合的间隙；外窗进场后应进行气密性能、水密性能及抗风压性能复验；

（2）门窗洞口应清理干净，干燥后施打发泡剂，发泡胶应连续施打，一次成形，填充饱满；

（3）外窗框四周应采用中性硅酮密封胶，密封胶应在扎起外墙粉刷涂料前完成，打胶要保证基层干燥，无裂纹、气泡，转角处平顺、严密。

2. 门窗框松动如何避免?

现象： 门窗框安装后经使用产生松动；当门窗扇关闭时撞击门窗框，使门窗口灰皮开裂、脱落。

防控措施：

（1）如门窗框松动程度不严重，可在门窗框的立挺与砖墙过缝的适当部位加木楔楔紧，并用 100mm 以上的圆钉钉入立挺，穿过木楔，打入砖墙的水平灰缝中，将门窗框固定；

（2）木砖松动或间距过大时，可在背后适当部位刻一个三角形小槽，并在结构面上相应位置剔一个洞，下一个铁扒锔，小洞内浇筑细石混凝土，为使混凝土浇捣落实，模板应支成喇叭口，待混凝土终凝后，将突出部分凿掉；

（3）门窗口塞灰离缝脱落，应重新做好塞灰。

3. 木门窗框扭曲怎么预防？

现象：门窗框弯曲主要表现为框的两根立挺本身不顺直，其变形与墙体处在同一平面，或垂直于墙体。

防控措施：

（1）门窗立挺平行墙体轴线轻微弯曲。向框内弯曲时，可在其对应的墙体上重新补砌木砖，并用水泥砂浆嵌填密实，待其充分凝固后，用圆钉从框的弯曲部位钉入木砖，将框逐渐恢复到顺直为止。如向墙体一侧弯曲时，可先将固定门窗框的钉子取出或锯断，在框的弯曲部位与墙体间的缝隙中嵌入木楔，使框逐渐校正顺直，然后重新用钉子钉牢；

（2）门窗立挺垂直墙体轴线弯曲。可先将立挺上下固定好，并将固定门窗框的钉取出或锯断，再用校正器将其校直。

4. 木门窗框位置不准确如何防治？

现象：门窗框位置不准确主要表现为：门窗框的上口不在同一设计标高上；门窗框在墙上里出外进，不在同一平面内；二层以上建筑的各层外墙窗框，上下层对不齐、左右错位；门窗框位置尺寸偏差过大，位移过多等。

防治措施：

（1）安装门窗框前，墙面要先冲标筋，安装时依标筋定位；

（2）二层以上建筑物安装框时，上层框的位置要用线坠等工具与下层框吊齐、对正；

（3）安装门窗框要考虑到筒子板、窗台板的位置和尺寸；

（4）清水墙（一般为 370mm）木砖位置，最好统一由外墙皮往里返 120mm，立门窗框由外皮往里返 115mm，这样既可盖住木砖，又可盖住砖墙的立缝；

（5）一般窗框上皮应低于过梁 10～15mm，如预留门窗洞口高低不一致时，就低不就高，上面的空隙堵砂浆或灌细石混凝土处理；

（6）固定在大模板上的门框，应与门口用螺丝拧紧，并用丝杆顶牢，以免浇筑混凝土时位移或变形；

（7）门窗框安装时，先用木楔临时固定，待找平吊直后再钉牢。

5. 铝合金门窗的材质、规格等缺陷如何治理？

现象：铝合金门窗框锚固构件的材质、规格、间距、位置及固定方法不符合规范或标准图集的要求。如严重锈蚀、间距过大、松动等。

治理方法：如锚固板已严重锈蚀，门窗框已明显松动，则应拆除全部链接，按要求重新进行锚固。

6. 铝合金门窗开启不灵怎么防治？

防治措施：

（1）门窗扇在组装前按规定检查质量，并校正正面、侧面的垂直度、水平度和对角线；调整好轨道，两个滑轮同心，正确固定；

（2）安装推拉式门窗扇时，扇与框的搭接量要小于80%；

（3）开启门窗时，方法正确，用力均匀，不能用过大的力进行开启；

（4）窗框、窗扇及轨道变形，一般应进行更换；

（5）窗铰变形、滑块脱落等，可找配件进行修复。

7. 铝合金门窗渗水如何防治？

防治措施：

（1）横竖框的相交部位，先将框表面清理干净，再注上防水密封胶封严。防水密封胶多用硅酮密封胶；

（2）在封边和轨道的根部钻直径2mm的小孔。使框内积水通过小孔尽快排向室外；

（3）外窗台泛水坡反坡时，重做泛水，使泛水形成外低内高，形成顺水坡，以利于排水；

（4）窗框四周与结构的间隙，先用水泥砂浆嵌实，再注上一层防水胶。

8. 窗扇推拉不灵活如何避免？

现象：铝合金推拉窗在使用一段时间后出现窗扇推拉不动的情况。

防控措施：若出现的偏差较大，可将窗扇、滑轮拆下，重新改制、安装。

9. 推拉窗渗水如何避免？

现象：推拉窗渗水，常使窗下墙面上的壁纸、乳胶漆脱皮、脱落、发黄变色。

防控措施：

（1）堵塞下框的所有可能产生渗水的间隙，如横框和竖框的交接缝隙，由于直角对接，存在缝隙是不可避免的，但应注意加防水密封胶，常用胶为硅酮密封胶。应将表面清理干净，以保证密封质量。外窗台泛水坡度不够，窗框下缘与饰面交接处塞缝不密实也可能产生雨水渗漏现象，安装单位应严格按设计要求，在接缝处预留 5～8mm 槽口，认真做好密封材料的嵌缝工作；

（2）对下框可能产生的积水应及时疏导排出，目前常用的办法是在封边及轨道的根部钻孔，在下框内即使存有不多的积水，也会及时流出。但应注意，钻孔时严禁将下框的板壁打穿，否则便成了新的渗水渠道。窗框四周与结构的间隙均应认真做好槽口填塞、密封嵌缝的处理，否则均可产生渗水。

因平开窗窗框端面较小，只要窗扇关闭严密，注意嵌缝，外窗台不反坡，窗扇没有较大变形，一般很少产生渗水现象。

10. 玻璃胶条密封性能差怎么防控?

现象: 铝合金门窗使用一段时间后，有的玻璃胶条开始出现龟裂，有的部分脱落或端部短缺，导致透风、漏雨，密封性能达不到设计要求，严重时出现玻璃颤动，影响正常使用。

防控措施:

(1) 铝合金门窗使用的玻璃胶条要选用弹性好、耐老化的优质玻璃胶条;

(2) 玻璃胶条下料时要留出2%的余量，作为胶条收缩的储备;

(3) 方形、矩形门窗玻璃用的胶条，要在四角处按45°切断、对接;

(4) 安装玻璃胶条前，要先将槽口清理干净，避免槽内有异物;

(5) 安装玻璃胶条前，在玻璃槽四角端部20mm范围内均注入玻璃胶。如玻璃胶条长度大于500mm，则每隔500mm再增加一个注胶点。然后再将玻璃胶条压入。

11. 塑料门窗松动如何防治?

防治措施:

(1) 固定铁片间距不大于600mm，墙内固定点应埋木砖或混凝土块;

(2) 组合窗拼樘料固定于预埋件上或深入结构内后浇筑C20混凝土，连接螺钉严禁直接捶入门窗框内，先钻孔，然后旋进螺钉并和两道内腔肋紧固。

12. 塑料门窗安装后变形如何防治?

防治措施:

(1) 调整固定铁片位置，填充发泡剂要适度;

(2) 框安装前检查是否已有变形;

（3）安装后要避免脚手板搁在框上或悬挂重物等。

13. 组合窗拼樘料处渗水如何防治？

防治措施：拼樘料与框间先填以密封胶，拼装后接缝处外口也灌以密封胶或调整盖缝条。

14. 组合门窗框四周渗水如何防治？

防治措施：固定铁件与墙体相连处灌以密封胶，砂浆填实，表面做到平整细腻，密封胶嵌缝位置要正确、严密，表面用密封胶封堵砂浆裂纹。

15. 组合门窗扇开启不灵活，关闭不密封如何防治？

防治措施：检查框与扇的几何尺寸是否协调，不协调的要调整；检查其平整度和垂直度，不平整、不垂直的要调整；检查五金件质量，不合格要调换。

16. 钢质防火门，门框与墙体间缝隙怎样填嵌？

具体方法：

（1）钢质防火门门框，应采用“Z”形铁脚与预埋铁件焊接牢固；

（2）门框与墙体间缝隙用 1∶2 水泥砂浆或 C25 细石混凝土填嵌，其砂浆和混凝土的稠度要严格控制，一般以手握能捏出水泥浆为好，填嵌时要槎成条，再塞入缝隙中并用大小不一的钢筋棒仔细捣实，然后挂湿麻袋或湿草帘养护，养护时间不少于 7d；

（3）冬期施工应采取防冻措施。

第十四章 吊顶工程

1. 木龙骨架不平整、接缝有高差怎么防控?

现象: 木龙骨架不平整、接缝有高差。

防控措施:

(1) 主龙骨要沿房间跨度方向按规定比例起拱固定;

(2) 次龙骨要两面刨光;下料截面应准确;

(3) 选材质量特别是含水率要符合要求。

2. 木龙骨装饰吊顶面板和压条安装的缺陷怎么防控?

现象: 压条、板块拼缝装钉不直,分格不均匀、不方正。

防控措施:

(1) 龙骨分档和板块下料应保证精确;

(2) 板块不损坏棱角,四周修去毛边,使板边光滑、顺直;

(3) 铺钉板块弹中心控制线,预排拼板,符合要求后沿墨线铺钉。

3. 木龙骨装饰吊顶面板翘曲开裂怎么防控?

现象: 面板翘曲开裂。

防控措施:

(1) 面板下料应符合龙骨间距,并要将边口打磨光滑、顺直;采用钉接时应用16～18mm的扁头圆钉;

(2) 钉距一般为100～180mm,距边缘的距离10～15mm,且钉帽应进入板面12mm;

(3) 选用优质胶合板。

4. 纸面石膏板之间的拼缝如何处理？

现象：在采用石膏板吊顶上，满刷高档乳胶漆的石膏板上会有或大或小的裂缝，尤其是在板与板之间的拼缝处最易出现。

如何处理板与板之间的对接拼缝？在严格做好每一道工序的同时，重点要做好板缝间的处理工作。

具体作法：

（1）相邻石膏板间拼缝严格控制为5～8mm。缝隙要顺直，且宽窄一致，过大和过小对嵌缝石膏的塞填均有影响；

（2）缝隙塞填材料为专用弹性嵌缝膏，分层次塞填，塞填要密实，使嵌缝料与周边石膏板形成整体；

（3）石膏板嵌缝石膏填塞完毕后，采用50mm耐碱玻纤带和玻纤维网格布将石膏板粘贴牢固，两块板的粘贴宽度要一致，使其应力均匀分布，防止风带与石膏板裂开形成裂缝。

5. 吊顶中大面积石膏板的干缩缝如何避免？

原因分析：由于热胀冷缩、干缩湿涨等物理因素，在雨季，空气湿度大的情况下，石膏板会出现下坠，接缝处出现皱折，而在天晴后顶部又会逐步平整。经过几次这样的反复，接缝处就会出现裂缝。

防控措施：

（1）根据吊顶平面尺寸，留自然收缩缝，收缩缝处布置两支同向覆面龙骨。接缝处自然面缝8～10mm，此缝采用与乳胶漆颜色一致的弹性嵌缝腻子补缝；

（2）大面积吊顶主龙骨间距10m左右，采用两根ϕ10钢筋左右不同方向，斜向拉结筋以调整主龙骨横向不均匀受力；

（3）要按照分档线位置，使吊挂件穿入相应吊杆螺栓，拧好螺母，螺母要固定牢固，避免出现滑脱。主龙骨相接处装好连接件，拉线调整标高、起拱和平直。

6. 室内墙面顶棚变形缝怎样处理更好看?

在高档装修中：室内墙面顶棚变形缝处既要构造合理、功能有效，又能成为装饰的亮点。

具体做法:

（1）将变形缝处打磨平整，清理干净；

（2）将一长、宽同变形缝，不小于300mm深度的聚苯乙烯板用沥青油毡裹后塞入变形缝内，填塞要密实；

（3）用两块细木板封住变形缝口，缝中留15mm用铝板或彩钢板条从里补封，并用木螺钉从里钉在细木板上；细木板外颜色同墙面，铝板或彩钢板颜色根据室内整体装饰效果而定。

7. 顶棚灯槽、藻井造型不对称怎么防控?

现象: 灯槽、藻井造形不对称，罩面板布置不合理。

防控措施:

（1）应严格按设计标高，在四周墙面的水平线位置拉十字中心线；

（2）主次龙骨的布置应严格按设计要求进行；

（3）罩面铺装方向应严格按设计要求，中间铺装整块板，余量应分配到四周外墙。

8. 吊顶搁栅拱度不均匀怎么防控?

现象: 吊顶搁栅拱度不均匀，形成波浪形。

防控措施:

（1）选用优质软木材，如松木、杉木；

（2）按设计要求起拱，纵横拱度应吊均匀；

（3）搁栅尺寸应符合设计要求，木材应顺直，遇有硬弯时应锯断调直，并用双面夹板连接牢固，木材在两吊点间如稍有弯度，弯度应向上；

（4）受力节点应装钉严密、牢固、保证搁栅整体刚度；

（5）预埋木砖的位置应正确、牢固，其间距为 1.0m，整个吊顶搁栅应固定在墙内，以保持整体；

（6）吊顶内应设通风窗，室内抹灰时，应将吊顶的人孔封严，待墙面干燥后，再将人孔打开通风，以便整个吊顶处于干燥环境之中。

9. 吊顶出现部分或整体凹凸变形怎么防控？

现象：吊顶出现部分或整体凹凸变形。

防控措施：

（1）选用优质板材，木夹板宜选用五层以上的椵木胶合板，纤维板宜选用硬质纤维板；

（2）当板块较大，装钉时板块与搁栅未全部贴紧，就以四周或四周中心铺钉安装，致使板块凹凸变形；

（3）轻质板材宜加工成小块后再装钉，并应从中间向两端排钉，避免产生凹凸变形，接头拼缝留 36mm 的间隙，适应膨胀变形要求；

（4）采用纤维板、胶合板吊顶时，搁栅的分割间距不宜超过 45mm，否则中间应加一根 25mm×40mm 的小搁栅，以防板块变形；

（5）合理安排施工顺序，当室内湿度较大时，宜先安装吊顶木骨架，然后进行室内抹灰，待灰干燥后再装钉吊顶面层。周边吊顶搁栅应离开墙面 20mm×30mm，以便安装板块及压条，并应保证压条与板块接缝严密。

10. 吊顶板材拼缝装钉不直怎么防控？

现象：吊顶板材拼缝装钉不直，分格不均匀。

防控措施：

（1）按搁栅弹线计算出板块拼缝与压条分格间距，准确定出搁栅位置，保证分格均匀。安装搁栅时，按位置拉线找直、归放、固定、起拱、平整；

（2）板面按分格尺寸裁截成板块，板块尺寸等于吊顶搁栅间距减去明拼缝的宽度，板块要方正，不得有棱角，板边挺直光滑；

（3）板块装钉前，应在每条纵横搁栅上按位置弹出拼缝中心线及边线，然后弹线装钉板块，发生超线则应修正；

（4）应选用软质优材制作木压条，并按规格加工，表面应刨平、光滑。装钉时，应在板块上拉线，弹出压条分格线并沿线装钉压条，接头缝严密。

11. 粘贴式罩面板空鼓、脱落怎么防控？

现象：粘贴式罩面板空鼓、脱落。

防控措施：

（1）胶粘面处理干净与平整；

（2）胶粘剂应先作粘结试验，以便掌握其性能，检查其质量，鉴定是否选用得当；

（3）涂胶面积不宜一次过大，厚薄应均匀，粘结时要采取由中部往四周赶压以排出空气；粘结后要采取临时固定措施，多余胶液应及时擦去；未粘结牢固前，不得使罩面板受震动或受力。

第十五章　轻质隔断工程

1. 轻质隔墙（增强水泥（GRC）空心条板、增强石膏空心条板）板缝开裂怎么防控?

防控措施：

（1）首先应做好板的连接，以避免墙体裂缝的产生。具体措施是：在墙体的阴阳角的部位和空心条板与建筑结构的结合部位，做防裂处理。空心条板与空心条板之间，以及空心条板与空心条板结构墙、柱面之间的接缝，应采用聚合物水泥砂浆或弹性粘结材料进行填实密封，表面用玻璃纤维网格布或防震胶带等予以封盖增强；

（2）使用特殊要求的板材，控制含水率，保证板材的干燥收缩值不大于 0.6mm/m；施工前必须选用充分干燥的水泥空心条板和与水泥空心条板同品种、同强度等级的水泥配置粘结胶浆；勾缝材料必须与板材本身成分相同；

（3）空心条板墙体安装后，7d 内为墙体养护期，在此期间，墙体不得受到振动、撞击，不得在墙体上进行其他工作。板面若需开孔，应使用电钻开孔，不得任意剔凿，其洞口尺寸不得大于 80mm×80mm。

2. 轻质隔墙墙板与结构连接不牢，局部出现裂缝怎么办?

现象：墙板与结构连接不牢，可引起隔墙变形、裂缝，产生不安全因素和质量隐患。

原因分析：

（1）空心条板头不方正，或采用下楔法施工，仅在板一面背楔，而与楼顶板接缝不严；

（2）空心条板与墙、柱粘结不牢，出现缝隙，使胶粘剂流淌；

（3）在预制楼板上，没有做好凿毛和清扫工作；另外，填塞的细石混凝土坍落度大，也会造成墙板与地面连接不密实。

防控措施：

（1）安装前须清理隔墙与顶板、地面、墙面结合部，凡结合面存在突出的砂浆、混凝土块等必须剔除并扫净，结合部尽量找平，以增大粘结接触面；

（2）切割板材时，一定要找方正；

（3）使用下楔法立板时，要在板宽各 1/3 处夹两组木楔，使板垂直向上，挤严粘实；

（4）隔墙下楼板的光滑表面必须进行凿毛处理，再用干硬性混凝土填实。

3. 工字龙骨板与主体结构连接不严如何防控？

现象：隔墙与主体结构连接不严，多出现在边龙骨。

原因分析：边龙骨预先粘好薄木块，作为主要粘结点，当木块厚度超过龙骨翼缘宽度时，因木块是断续的，因而造成连接不严；龙骨变形也会出现上述情况。

防控措施：边龙骨预粘木块时，应控制其厚度不得超过龙骨翼缘，同时，边龙骨应经挑选。安装边龙骨时，翼缘边部顶端应满涂 108 胶水泥砂浆，使之粘结严密。为使墙板顶端密实，应在梁底（或顶板下）按放线位置增贴宽石膏垫板。

4. 轻质隔墙板板材受潮强度降低怎么防控？

原因分析：板材露天堆放、运输途中或施工现场堆放等环节受潮或由于工序安排不当，施工中造成板材受潮。

防控措施：

（1）露天堆放应采取防雨措施，尽量缩短露天堆放的时间，运输途中加盖苫布。堆放场地应有排水措施，地上应垫平、架空；

（2）在施工过程中应安排好工序搭接，若楼板是小块预制板时，应先做地面，再立墙板，以防止塞细石混凝土及地面养护时水分浸入空心条板。

5. 轻质隔墙板墙面不平整、不垂直怎么防控？

现象：板材接缝处高低不平，立面垂直度超过施工允许偏差。

原因分析：板材薄厚不一致或板材翘曲变形。

防控措施：

（1）合理选配板材，不使用厚度误差大、未经烘干或受潮变形的空心条板，严格控制含水率；

（2）在安装过程中，随时用 2m 靠尺及塞尺测量墙面的平整度，用 2m 托线板检查板的垂直度。安装完毕后，应进行隔墙的检查验收。对超过安装允许偏差的墙板应返工或返修。

6. 轻质隔墙板门框固定不牢怎么防控？

现象：门框安装后即出现松动或灰缝脱落现象。

原因分析：板侧凹槽杂物未清除干净，板槽内粘结料下坠；采取后塞口时预留门洞口过大；水泥砂浆勾缝不实或砂浆较稀，干后收缩大；构造不合理等。

防控措施：

（1）门框安装前，应将槽内杂物、浮砂清除干净，刷 801 胶稀释溶液 1 道或 2 道，槽内放小木条（可间断）以防止粘结材料下坠；

（2）严格按照设计要求安装门框板、门框。若设计不明确时，应与设计部门研究门框固定方案，确定方案后再进行施工。

7. 轻质隔墙墙裙、踢脚板空鼓怎么防控？

原因分析：因石膏空心条板强度较低，用普通水泥砂浆直接抹面将会出现大面积空鼓或剥落。

防控措施：采用水泥砂浆抹面时，应清除空心条板表面浮砂、杂物，刷稀释的 801 胶溶液，抹 801 胶水泥砂浆薄层（厚度不超过 4mm）作为粘结层，待粘结层初凝时，用 1∶2.5 水泥砂浆抹光压实。

8. 钢丝网架夹芯板墙裂缝怎么防控？

防控措施：

（1）安装前要认真检查验收夹芯板，弯曲变形的夹芯板要经处理后才能使用；

（2）为避免板之间形成裂缝，可将两板并列平放挤紧，并用细铁丝沿骑缝将板间网架上钢丝连接绑紧，使之形成一个整体；

（3）对于夹芯板墙与砖墙（混凝土墙）交接处的阴、阳角，也可以采用加铺钢丝网带的方法，只是把网带宽度改为 300mm，一边用 22 号细铁丝将网带绑扎在夹芯板外层钢丝网架上，另一侧边用水泥钉按间距 100mm 将其固定在砖墙或混凝土墙上；

（4）在钢丝网架聚苯乙烯夹芯板墙内暗敷管线时，管径不宜大于 25mm；管线、插座和开关盒在确定位置后，剪断板面钢丝网即可将它埋入，并用水泥钉和细铁丝将其固定，周边填实；必须在管线外加盖宽度不小于 200mm 的钢丝网带（用细铁丝绑牢），以防在该处出现裂缝；

（5）抹灰砂浆要用搅拌机搅拌均匀，稠度要合适。搅拌好的砂浆应在初凝前用完，已凝固的砂浆不得二次掺水使用。砂子要用中砂或粗砂。抹灰应按施工工艺要求分层进行，严禁抹灰不分层，一次抹完。

9. 钢丝网架夹芯板墙表面不平整、不垂直、阴阳角不垂直、不方正怎么防控?

原因分析: 由于抹灰前挂线、做灰饼、冲筋不认真,冲筋时间过长或过短,造成收缩量不同,出现高低不平阴阳角不垂直、不方正。

防控措施:

(1) 抹灰前应检查钢丝网架夹心板安装是否平整、垂直,有缺陷的进行修理;

(2) 认真做好灰饼、冲筋;

(3) 阴阳角处抹灰用方尺套方。

10. 轻钢龙骨石膏板隔墙收缩变形及板面裂缝如何防控?

现象一: 墙体收缩变形及板面裂缝。

原因分析: 竖向龙骨紧顶上下龙骨,没留伸缩量;超过 2m 长的墙体未做控制变形缝,造成墙面变形。

防控措施: 隔墙周边应留 3mm 的空隙,这样可以减少因温度影响产生的变形和裂缝。

现象二:: 轻钢骨架连接不牢固。

原因分析: 局部结点不符合构造要求。

防控措施: 安装时局部节点应严格按设计图的规定处理。钉固间距、位置、连接方法应符合设计要求。

现象三: 墙体罩面板不平;凹缝不均。

原因分析: 一是龙骨安装横向错位;二是石膏板厚度不一致;三是板面石膏板拉缝没有掌握好尺寸。

防控措施: 施工时注意板块分档尺寸,保证板间拉缝一致。

11. 木板材隔墙与结构或骨架固定不牢怎么办?

现象: 门框活动脱开,隔墙松动倾斜,严重者影响使用。

防控措施：

（1）上、下槛要与主体结构连接牢固。两端为砖墙，上下槛插入砖墙内应不少于12cm，伸入部分应做防腐处理；两端若为混凝土墙柱，应预留木砖，并应加强上下槛和顶板、底板的连接（可采取预留铅丝、螺栓或后打胀管螺栓等方法），使隔墙与结构紧密连接，形成整体；

（2）选材要严格，凡有腐朽、劈裂、扭曲、多节疤等疵病的木材不得使用。用料尺寸应不小于40mm×70mm；

（3）龙骨固定顺序应先下槛，后上槛，再立筋，最后钉水平横撑。立筋要求垂直，两端顶紧上下槛，用钉斜向钉牢。靠墙立筋与预留木砖的空隙应用木垫垫实并钉牢，以加强隔墙的整体性；

（4）遇有门口时，因下槛在门口处被断开，其两侧应用通天立筋，下脚卧入楼板内嵌实，并应加大其断面尺寸至80mm×70mm（或两根并用）。门窗框上部宜加钉人字撑。

12. 木板材墙面粗糙，接头不平不严如何处理？

现象：龙骨装钉板的一面未刨光找平，板材厚度不一或受潮后松软变形，边楞翘起，造成表面凹凸不平。

防控措施：

（1）选料要严格。龙骨料一般应用红白松，含水率不大于15%，并应做好防腐处理。板材应根据使用部位选择相应的面板，纤维板需做等湿处理，表面过粗时，应用细刨子净一遍；

（2）所有龙骨钉板的一面均应刨光，龙骨应严格按线组装，尺寸一致，找方找直，交接处要平整；

（3）工序要合理，先钉龙骨后进行室内抹灰，最后钉板材。钉板材前，应认真检查，如龙骨变形或被撞动，应修理后再钉面板；

（4）面板薄厚不均时，应以厚板为准，薄的背面垫起，但必须垫实、垫平、垫牢，面板正面应刮直（朝外为正面，靠龙骨面为反面）；

（5）面板应从下面角上逐块钉设，并以竖向装钉为好，板与板的接头应做成坡（如为留逢做法时，面板应从中间向两边由下而上铺钉，接缝以 5～8mm 为宜），板材分块大小按设计要求，拼缝应位于立筋或横筋上；

（6）铁冲子应磨成扁头（与钉帽一般大小），钉帽要预先砸扁（钉纤维板时钉帽必砸扁），顺木纹钉入面板内 1mm 左右，钉子长度应为面板厚度的 3 倍。钉子间距，纤维板为 100mm，其他板材为 150mm（钉木丝板时钉帽下应加镀锌垫圈）。

13. 木板材隔墙细部做法不规矩怎么办？

现象：与墙、顶交接处不直不顺，门框与板面不交圈，接头不严不直，踢脚板出墙不一致，接缝翘起。

原因分析：主要是细部做法交代不清。

防控措施：

（1）熟悉图纸，多与设计人员商量，妥善处理每一个细部构造；

（2）为防止潮气由边部浸入墙内引起边沿翘起，应在板材四周接缝处加钉盖口条，将缝盖严，根据板的不同，也可采取四周留缝的做法，缝宽一般以 10mm 左右为宜；

（3）门口处构造应根据墙厚而定，墙厚等于门框厚度时，可加贴脸，小于门框厚度时，应加压条；

（4）分格时，注意接头位置，应避开视线敏感范围；

（5）胶粘时，用胶不能太稠太多，涂刷要均匀，接缝时用力挤出余胶，否则会出现黑纹；

（6）踢脚板如为水泥砂浆，下边应砌二层砖，砖上固定下槛，上口抹平，面板直接压到踢脚板上口；如为木踢脚板，应在面板钉后再安装踢脚板。

14. 木板条隔墙、隔墙与结构或骨架固定不牢如何防控？

防控措施：

（1）横撑不宜与隔墙立筋垂直，而应倾斜一些，以便调节松紧和钉钉子。其长度应比立筋净空大 10～15mm，两端头按相反方向锯成斜面，以便与立筋连接紧密，增强墙身的整体性和刚度；

（2）立筋间距应根据进场板条长度考虑，量材使用，但最大间距不得超过 500mm。

15. 木板条抹灰面层开裂、空鼓、脱落如何防控？

原因分析：

（1）板条规格尺寸过大或过小，材质不好，钉的方法不对（如板条间隔、错头位置、对头缝大小等）；

（2）钢板网过薄或搭接过厚，孔过小，钉得不牢、不平，搭接长度不够，不严密；

（3）砂浆配合比不当，操作方法不对，各抹灰层间隔控制不好，养护条件差。

防控措施：

（1）板条要求采用红、白松，不得用腐朽、劈裂、多节疤材料。板条宽度为 20～30mm，厚度 3～5mm，间距以 7～10mm 为宜（钉钢板网时应为 10～12mm）。板条接头缝必须赶在龙骨上，对头缝隙不得小于 5mm，板条与龙骨相交处都应钉 2 颗钉子。板条接头应分段错开（每段长度以 50mm 左右为宜），以保证墙面的完整性。板条表面应平整（2m 靠尺检查表面凹凸不超过 3mm），以减少因抹灰层厚薄不均而产生裂缝，如果加钉钢板网，除板条间隔稍加大外，钢板网厚度应不超过 0.5mm，网孔 20mm×20mm，要求钉平钉牢，不得有鼓肚现象。钢板网接头应错开，搭接长度不少于 200mm，搭接头上应加钉一排钉子，严防边角翘起；

（2）抹灰前应经有关部门和抹灰班组检验，合格后方可开始抹灰。

16. 木板条隔墙细部做法不规矩怎么办？

现象： 门口墙边或顶棚处产生裂缝或翘边，影响使用和美观。

原因分析： 未按图施工，细部做法交代不清，未采取相应技术措施。

防控措施：

（1）首先要熟悉图纸，搞清各细部节点具体做法，针对薄弱环节制定相应措施；

（2）与不需抹灰的墙面相接处，可加钉小压条，以防出现裂缝、翘起；

（3）与门口交接处，可加贴脸或钉小压条。

17. 纸面石膏板隔墙门口上角墙面裂缝如何防控？

现象： 在门口两个上角出现垂直裂缝，裂缝长度、宽度和出现的早晚有所不同。复合板和工字龙骨板都会发生此现象。

原因分析： 当采用复合石膏板时，由于预留缝隙较大，后填入的108胶水泥砂浆不严不实，且收缩较大，再加上门扇振动，在使用阶段门口上角出现垂直裂缝；当采用工字龙骨时，接缝材料与墙体不能协同工作，也会出现这种裂缝。

防控措施： 注意板的分块，把面板接缝与门口立缝错开半块板的尺寸。这种作法对工字龙骨板较易实现，对复合板则要增加两种板的型号，可在现场将复合板局部切锯。

18. 石膏板面接缝有痕迹如何防控？

现象： 板面接缝处喷浆后，出现较明显的痕迹。

原因分析： 石膏板板端呈直角，当贴穿孔纸带后，由于纸带厚度，出现明显痕迹。

防控措施：安装倒角板是处理板面接缝的基本措施。倒角规格：宽 30mm，高 3mm。

19. 纸面石膏板板缝开裂如何防控？

现象：竣工 5～6 个月后，纸面石膏板接缝陆续发生开裂。开始是不很明显的发丝裂缝，随着时间的延续，裂缝有的可达到 1～2mm。

原因分析：板缝节点构造不合理，板胀缩变形，刚度不足，嵌缝材料选择不当，施工操作及工序安排不合理等都会引起板缝开裂。

防控措施：

（1）首先应选择合理的节点构造。节点处要清除缝内杂物，嵌填腻子待腻子初凝时（大约 30～40min），再刮一层较稀的腻子（厚度 1mm），随即贴穿孔纸带，纸带贴好后放置一段时间，待水分蒸发后，在纸带上再刮一层腻子，将纸带压住，同时把接缝板面找平；

（2）若主缝勾成明缝，应将多余的粘结剂及时刮净，保持明缝顺直清晰；

（3）为了防止施工水分引起石膏板变形裂缝，墙面应尽量采用贴墙纸或刷 108 涂料的做法。

20. 玻璃隔断质量通病如何防控？

防控措施：

（1）采用玻璃分隔，最重要一点是做到安装牢固不松动；

（2）由于分隔墙容易被碰撞，因此应考虑其安全性，用于分隔墙的玻璃应采用安全玻璃，目前我国规定的安全玻璃为钢化玻璃和夹层玻璃；

（3）用于分隔墙的玻璃厚度应符合：钢化玻璃不小于 5mm，夹层玻璃不小于 6.38mm，对于无框玻璃，应使用厚度不小于

10mm 的钢化玻璃；

（4）玻璃分隔墙的玻璃边缘不得与硬性材料直接接触，玻璃边缘与槽底空隙应不小于 4～5mm，玻璃嵌入墙体、地面和顶部的槽口深度为：玻璃厚度为 5～6mm 时，深度为 8mm；玻璃厚度为 8～10mm 时，深度为 10mm。玻璃与槽口的前后空隙：玻璃厚度为 5～6mm 时，前后空隙为 2mm；玻璃厚度为 8～12mm 时，前后空隙为 3mm，该缝隙应用弹性密封胶或橡胶条填嵌。玻璃底部与槽底空隙应用不少于 PVC 或邵氏硬度为 80～90 的橡胶支承块支承，支承块长度不小于 10mm。玻璃两侧与槽底空隙应用长度不小于 25mm 的弹性定位块衬垫。支承块和定位块应设置在距槽角不小于 300mm 的 1/4 边长位置处；

（5）对于浴室等易受潮部位的玻璃镜面，除采用防潮镜子外，其他玻璃镜面均应采用防潮隔离措施，最简单的方法是用中性密封胶将玻璃镜面四周密封，防止潮气渗入破坏镜面背后的涂料。切不可用酸性密封胶，因为酸性密封胶会腐蚀镜面背后的涂料；

（6）对需接电源的玻璃装饰，应注意防止漏电；对纯粹为采光而设置的一般性落地玻璃分隔墙，应在距地面 1.5～1.7m 处的玻璃表面用装饰图案设置防撞标志。

第十六章　饰面板（砖）安装（粘贴）工程

1. 内墙面瓷砖空鼓、脱落如何防控？

防控措施：

（1）基层凿毛，铺贴前应将墙面提前一天浇水湿润，水应渗入基层 8～10mm；

（2）基层凸出部位剔平，凹处用 1∶3 水泥砂浆补平，再铺贴瓷砖；

（3）瓷砖使用前必须提前 2h 浸泡并晾干；

（4）砂浆应具有良好的和易性与稠度，操作中遇有砂浆和水泥膏不饱满时用力搅匀，嵌缝应密实；

（5）瓷砖铺贴中应随时纠偏，粘贴砂浆初凝后严禁拨动瓷砖；

（6）粘贴瓷砖不应采用高强度等级水泥，因为高强度等级水泥收缩率过大，黏度低，容易使墙砖部空鼓。水泥强度等级一般不应超过 42.5。

2. 瓷砖接缝不平直怎么防控？

防控措施：

（1）选砖应列为一道工序，规格、色泽不同的砖应分类堆放，变形、裂纹砖应拣出不用；

（2）画皮数杆，找好规矩；操作时要挂垂直线；

（3）瓷砖铺贴应立即划缝，调直拍实，使瓷砖接缝平直。

3. 瓷砖墙面凹凸不平怎么防治？

防治措施：

（1）找平层垂直度、平整度合格方可铺贴瓷砖；

（2）操作时要挂垂直线和水平线；

（3）施工过程中要随时用靠尺检查平整度，不平处应及时处理。过厚处应用橡胶锤锤平，凹陷处的瓷砖应揭掉后应重新抹水泥膏粘贴。

4. 瓷砖镶贴后颜色不一致、不均匀等缺陷怎么防控？

防控措施：

（1）选用合格的瓷砖，且使用前应进行挑选，将颜色按深浅分类，分别用于不同的房间；

（2）瓷砖必须事先泡水，且泡水时间不应小于 2h；

（3）浸泡釉面砖时，应使用干净水，禁止水泥、颜料混入水内；

（4）确保施工操作质量，避免空鼓现象。

5. 面砖勾缝胶出现色差如何减少或避免？

面砖勾缝胶施工时易出现色差的原因有以下几点，控制这几个因素可有效减少色差问题的出现。

具体措施：

（1）应相对准确地确定勾缝胶用量，并根据设计要求购进同一生产厂家、同一锅配制的同一颜色勾缝胶粉；

（2）施工现场勾缝胶粉加水量要有效控制，并注意掌握料浆的使用时间；

（3）施工现场勾缝胶粉的拌制，应采用手提搅拌器进行，力求搅拌均匀，注意水质的清洁，并注意及时清理搅拌器以保持搅拌桶的卫生，避免带入其他杂质；

（4）勾缝胶必须完全固化后，方可清洗；应禁止酸洗，以免破坏勾缝胶造成颜色不一致；水洗时应采用清洁中性的水源，且不能大面积的冲洗，宜采用海绵蘸水或清洗剂进行清洗，清洗时应注意将海绵拧干后使用。

6. 面砖勾缝胶粉泛碱如何处理?

原因分析：水泥中的主要成分是硅酸钙，它是一种弱酸强碱盐，在遇水的情况下，硅酸钙水解呈碱性。其碱性的高低与硅酸钙的含量成正比。在水大量存在的情况下，水成为流动载体，将大量的 Ca^{2+}、OH^- 通过石材的毛细孔和缝隙渗透到面砖表面，这个过程称之为毛细孔现象。此后，由于水分的蒸发，形成白色粉末的盐类结晶，这些粉末（有时呈灰黑色）则通常称之为泛碱。

泛碱的防控：针对泛碱产生的条件、过程及其规律，防控措施是：

1）减少勾缝粉配方中水泥的用量，使用硅灰、粉煤灰等酸性细填料；尽量采用低碱水泥进行施工；

2）尽量减少水泥中水分的含量，可采用在水泥中加入减水剂的手段达到减水目的；

3）面砖安装完成后，应尽快用填缝剂将所有缝隙密封；

4）做好墙体的防水工作。

泛碱治理：

1）要确定产生泛碱的主要原因是由施工时水泥中的水分引起还是由墙体的漏水引起，如果是漏水引起应先堵住漏源，然后再进行泛碱清理工作；

2）泛碱可以采用清除剂来进行处理。清除剂对面砖表面会有腐蚀作用，使用时应特别注意；

3）面砖上的泛碱清理干净以后，应用养护剂对表面和缝隙进行防水处理，然后再用防水型填缝剂进行密封处理。

7. 墙面污染怎么防控?

原因分析：砖密实度不够，含水量超坏；对砖面保管和墙面完工后的成品保护不好，没有及时清理砂浆。

防控措施：选用密实度大、含水率小的外墙砖；运输和保管中切忌不被淋雨和受潮；不得用草绳或有色纸包装面砖；铺贴过程中，不得在脚手架上倒污水，严格做到活完料净场地清。

8. 金属板包柱饰面装饰施工的质量缺陷怎样避免?

金属板包柱饰面施工，主要用金属材料（如不锈钢、彩钢板等）进行饰面处理。饰面类型有圆柱、方柱和一些复杂造型柱。其质量通病及其治理方法如下：

现象一：表面不平整，有屈曲。

原因分析：横龙骨弧度不准确，衬底板曲面不圆；饰面板加工尺寸不准确或加工工艺粗糙。

防控措施：

（1）调整龙骨的曲面，安装横竖龙骨时吊铅垂线校核，每柱吊点不应小于4个；

（2）衬底板应选用优质薄胶合板如柳安板等，弯曲弹性好，曲面光滑；

（3）金属饰面板的制作加工要符合设计要求，对厚板应根据弧度采用卷板机卷板；

（4）面板粘贴施工要牢固密实，事先做样板卡模，随时检查。

现象二：表面污染，有坑面，刻划痕。

原因分析：施工未进行成品保护，面板保护膜被提前撕掉；现场面板被碰撞，火花烧伤烫伤等。

防控措施：施工中饰面面板的保护膜不要破坏，应等交工验收合格后方可撕掉；要注意避免硬物碰撞面板。电焊、气焊时应对成品做好保护。

第十七章　涂饰工程

1. 墙面涂料基层一般质量缺陷如何防治?

防治措施:

（1）基层清理：在进行涂料施工之前，要认真检查基层质量，基层经验收合格后方可进行下道工序的操作。基层清理的目的在于清除基层表面的黏附物，使基层清洁，不影响涂料与基层的粘结。

（2）基层修补与找平：

1）当水泥砂浆与基层分离时，须将其分离的部分铲除，重新做基层，当其分离部分不能铲除时，可用电钻钻孔，采用不至于使砂浆分离部分再次扩大的压力，往缝隙中注入低黏度的环氧树脂，使其固结。表面裂缝用合成树脂或水泥聚合物腻子嵌平，待固结后打磨平整；

2）小裂缝修补：防水腻子嵌平，然后用砂纸将其打磨平整。对于混凝土板材出现的较小裂缝，应用低黏度的环氧树脂或水泥浆进行压力灌注，使裂缝被浆体充满；

3）大裂缝处理：先用手持砂轮或錾子将裂缝打磨或凿成"V"形口，并清洗干净，沿嵌填密封防水材料的缝隙涂刷一些底层涂料，这种底层涂料应系与密封材料配套使用的材料。然后，用嵌缝枪或其他工具将密封防水材料嵌填于缝隙内，并用竹板等工具将其压平，在密封材料的外表用合成树脂或水泥聚合物腻子抹平，最后打磨平整；

（3）空洞修补：一般情况下，ϕ3mm 以下的空洞可用水泥聚合物腻子填平，ϕ3mm 以上的空洞应用聚合物砂浆填充，待固结硬化后，再用砂轮机打磨平整；

（4）表面凹凸不平的处理：凸出的部分可用錾子凿平或用砂轮机打磨平，凹入部分用聚合物砂浆填平，待硬化后整体打磨一次，使之平整；

（5）接缝错位的处理：先用砂轮磨光机或用錾子凿平，再根据具体情况用水泥聚合物腻子或聚合物砂浆进行修补填平；

（6）漏筋处理：可将露面的钢筋直接涂刷防锈漆，或用磨光机将铁锈全部清除后再进行防锈处理。根据情况不同，可将混凝土少量剔凿，并将混凝土内漏出的钢筋进行防锈处理后，再用聚合物砂浆补抹平整；

（7）麻面及脆弱的部位处理。这些部位的处理，首先应清洗干净，然后用水泥聚合物腻子或聚合物砂浆抹平即可。

2. 聚氨酯涂料涂刷质量怎样操作才能保证？

具体措施：

（1）首先要保证材料符合要求；

（2）配制时，如发现乙料有沉淀现象，应搅拌均匀后再进行配制，否则会影响涂膜质量；

（3）聚氨酯涂料涂刷时应注意掌握适当的稠度、黏度和固化时间。当涂料稠度、黏度过大不宜涂刷时，可加入少量二甲苯稀释，以降低黏度，加入量不应大于乙料的10%；当发现涂料固化太快，影响施工时，可加入少量二月桂酸二丁基锡作促凝剂，其加入量应不大于甲料的0.3%；

（4）固化剂与促凝剂的掺量，一定要严格按比例配制，掺量过多，会出现早凝，涂层难以刮平；如掺量过少，则会出现固化速度缓慢或不固化的现象；

（5）涂膜防水层施工时，如发现涂刷24h后仍未固化，有发黏现象，使涂刷第二道有困难时，可先涂一层涂膜防水材料，再涂刷第二道涂料。这并不会影响涂膜质量；

（6）如发现涂层有破损或不合格之处，应用小刀将损坏或不合格处割掉，重新分层涂刮聚氨酯涂膜材料。

3. 内墙面乳胶漆涂刷一般质量缺陷如何处理?

(1) 有气泡怎么办?

原因分析: 基层处理不当、涂层过厚，特别是大芯板做基层时容易起泡。

防治措施: 在使用前要搅拌均匀，除掌握好漆液的稠度，还可在底腻子层上刷一遍 108 胶水。在返工修复时，应将起泡脱皮处清理干净，先刷 108 胶再进行修补。

(2) 透底怎么办?

原因分析: 涂刷时涂料过稀、次数不够或材料质量差。

防控措施: 刷涂料时除应注意不漏刷外，还应保持涂料乳胶漆的稠度，不可加水过多。在施工时应选择含固量高、遮盖力强的产品，如发现透底，应增加面漆的涂刷次数，以达到涂刷的要求标准。

(3) 流坠怎么办?

原因分析: 涂料黏度过低，涂层太厚。

防治方法: 施工中须要调好涂料的稠度，不能加水过多，操作时排笔一定要勤蘸、少蘸、勤顺，避免出现流挂、流淌。如发生流坠，需等漆膜干燥后用细砂纸打磨，清理涂面后再涂刷一遍面漆。

(4) 刷纹明显，涂层不平滑怎么办?

原因分析: 漆液有杂质、漆液过稠、乳胶漆质量差。

防治方法: 在施工中要使用流平性好的品牌，最后一遍面漆涂刷前，漆液应过滤后使用。漆液不能过稠，发生涂层不平滑时，可用细砂纸打磨光滑后，再涂刷一遍面漆。

(5) 分色线不齐怎么办?

防控措施: 施工前，应认真画好粉线，刷分色线时直尺要靠放稳定，用力要匀，起落要轻，排笔蘸量要适当，从左向右刷。涂刷带颜色的涂料时，配料要合适，保证独立面每遍用同一批涂料，并宜一次用完，保证颜色一致。

（6）泛碱掉粉怎么办？

原因分析：基层未干燥就施工或未刷封固底漆及涂料过稀。

防治方法：如发现泛碱掉粉，应返工重涂，将已涂刷的材料清除，待基层干透后再施工。施工中必须用固体漆再刷一遍，特别是对新墙，面漆的稠度要合适，白色墙面应少刷一些。

4. 聚合物水泥砂浆喷涂饰面一般质量缺陷如何处理？

（1）喷涂饰面颜色不均怎么处理？

现象：颜色深浅不一致，局部有明显的返白现象。

治理方法：在条件允许时，可在喷涂层表面重复喷涂或喷罩其他涂料，如乙丙乳液厚涂料，JH-801 或 JH-802 无机建筑涂料、疏水石灰浆等。

（2）喷涂饰面花纹不均怎么处理？

现象：花纹大小不一致，局部出浆、流淌，有明显接槎。

治理方法：喷涂完成落脚手架时，发现花纹严重不均，应重复喷涂。

（3）喷涂饰面明显褪色怎么处理？

现象：喷涂后不到一年，饰面颜色明显变浅。

治理方法：如已明显褪色，失去应有的装饰效果后，有条件时，可在表面喷罩其他涂料。

（4）喷涂饰面严重污染怎么处理？

现象：窗台下、腰线下等部位污水挂流污染，大面明显挂灰积尘，喷涂后不到一年就已严重污染。

治理方法：同本条第（1）款。

5. 聚合物水泥砂浆滚涂饰面一般质量缺陷如何处理？

（1）滚涂饰面颜色不均怎么处理？

现象：颜色深浅不一致，局部有明显的返白现象。

治理方法：同本章 4（1）款。

（2）滚涂饰面花纹不均怎么处理？

现象：滚纹大小不一致，局部有“翻砂”现象，存有接槎。

治理方法：滚涂后发现花纹不均，应及时返修。产生“翻砂”现象时，应再薄抹一层砂浆，重新滚涂。

（3）滚涂饰面严重污染怎么处理？

现象：窗台下，腰线下部位污水挂流污染；局部明显挂灰积尘。

治理方法：同本章4（1）款。

6. 聚合物水泥砂浆刷涂饰面一般质量缺陷如何处理？

（1）刷涂饰面颜色不均怎么处理？

现象：刷涂饰面颜色深浅不一致。

治理方法：重复涂刷聚合物水泥浆。

（2）刷涂饰面粉化、脱落怎么处理？

现象：掉粉、起皮、脱落。

治理方法：将粉化、脱落处清理干净，重刷聚合物水泥砂浆。

7. 彩色弹涂饰面一般质量缺陷如何处理？

（1）弹涂饰面流坠怎么处理？

现象：弹出的色点不能定位成点状，并沿墙面向下流坠，其长度不一。

治理方法：

1）数量较多、面积较大的流坠浆点，用不同颜色的色点覆盖分解；

2）数量不多、面积较小的流坠浆点，用小铲将其剔掉后，用不同颜色的色点局部覆盖。

（2）彩色弹涂饰面拉丝怎么处理？

现象：弹涂在饰面上的浆料，随弹力器速度的快慢程度，形成粗细不等的细丝。

治理方法：往浆料中掺入适量的水和相应量的水泥调解，以不出现拉丝现象为准。

(3) 彩色弹涂饰面异性色点怎么处理?

现象:

1) 长条形色点弹出的色浆在饰面上形成细长、偏平、不凸起的长条形色点;

2) 尖形点色浆凸出饰面，重叠成尖，表面粗糙发涩，尖点易折断，不美观。

治理方法:

1) 数量不多的条形尖，可用毛笔蘸取不同色浆，局部点涂分解；若面积过大而且集中时，可用不同色点全部覆盖消除；经常检查弹力器，注意更换弹棒。

2) 弹涂中发现尖形点时，应立即停止操作，调整涂料配合比；对已形成的尖形点，用刮刀铲平后弹补。

(4) 彩色弹涂饰面色点大小不一致怎么处理?

现象: 弹出的色点碎小或过大而扁平，相互不协调，影响立面效果。

治理方法: 过多的色点可用不同色点覆盖分解；碎小色点可用同种颜色色点全部覆盖后，弹二道色点。

(5) 彩色弹涂饰面色点分布不均匀怎么处理?

现象: 弹出的色点分布不匀，间距不等，有的密集，有的松散、露底。

治理方法: 露底面过大是需要重复弹补，待色点分布情况与周围一致后弹涂二道色点，露底面不大时局部弹补。

(6) 彩色弹涂饰面色点起粉掉色怎么处理?

现象: 弹涂两天后，色点强度低，手摸起粉、掉色。

治理方法: 已弹好的起粉点，应及时喷水养护，待强度上升后，再加罩面。

(7) 彩色弹涂饰面罩面后局部返白怎么处理?

现象: 弹涂色点经罩面后，表面局部片状发白，遮盖了涂料本色，影响美观。

治理方法： 不严重的饰面返白，可做第二次罩面涂刷；返白较严重时，可用酒精将其局部溶解，待色点干透后再罩面补救。

（8）彩色弹涂饰面色点颜色不均怎么处理?

现象： 饰面颜色深浅不一，尤其是脚手架交接部位或施工缝处，更为明显。

治理方法： 局部颜色不均时，采用原色点密集覆盖后，进行二道弹涂。

（9）彩色弹涂饰面不平、接槎不顺怎么处理?

现象： 弹涂后饰面凹凸不平，局部有洞眼，接槎不顺，棱角不直。

治理方法： 一般用大色点覆盖填补，偏差过多需刮浆找平。

（10）彩色弹涂饰面分隔不直、相邻墙面颜色相混污染门窗怎么处理?

现象： 分隔线不直，缝隙宽窄不一；相邻墙面或墙面与门窗颜色相混，互相串色，门窗被色点污染。

治理方法：

（1）分格明显不直，应进行局部修整；

（2）色点污染的门窗应及时清理干净。

8. 如何处理外墙涂料面层裂缝?

外墙体构造做法：砌块墙体或钢筋混凝土梁、柱→砂浆找平层→50mm 厚钢丝网架聚苯板→水泥腻子→有弹性外墙涂料。

现象： 沿聚苯板缝发现有宽度不等的裂缝。

治理方法：

（1）首先沿裂缝将表面涂层剔除，剔除宽度约 200mm 左右，然后顺缝将原钢丝网架剪断并弯起，切割成 50mm 深、25mm 左右的聚苯板凹槽，并将槽底两侧清理干净；

（2）用聚苯板胶粘剂满粘（胶粘剂满度 100%）宽 50mm、厚 25mm 聚苯板条，在满粘聚苯板之前，务必先将原板缝隙用聚氨酯泡沫填缝剂填密实，待填缝剂固化修整后，再补聚苯板条，缝隙处要压紧密实，缝隙要求不大于1.7mm；

（3）将弯起的钢丝网架恢复平整，再附加宽150mm $\phi2$ 钢丝（规格为50mm×50mm）网片，网片与原钢丝网片逐点绑牢，形成两层钢丝网架；

（4）抹20mm厚聚合物保温砂浆→抗裂砂浆（压入抗碱网格布）→刷抗碱封底漆→抹外墙弹性腻子→两遍面层涂料。

施工注意事项：

（1）所用材料与原用材料要一致，材料质量要符合相关标准规定要求；

（2）涂饰基层含水率要不大于8%，施工环境气温宜在5℃以上；

（3）要严格按照要求操作，每完成一道工序都要经验收合格方可进行下道工序；

（4）后补面层涂料与原墙面颜色要均匀一致，无明显色差。

9. 外墙建筑涂料饰面一般质量缺陷如何处理？

（1）外涂饰面颜色不匀怎么处理？

现象：颜色深浅不一，俗称"花脸"。

治理方法：如拆除脚手架时，发现外墙涂料颜色明显不匀，应重复喷、刷涂料。

（2）外涂饰面剥落怎么处理？

现象：喷、刷涂料一定时间后，局部或大片掉粉、空鼓、起皮、脱落。

治理方法：把粉化、起皮、剥落的涂层清除干净后，重新喷刷涂料。

10. 木材面刷调制漆一般质量缺陷如何处理？

（1）有流坠怎么办？

原因分析：涂料黏度过低，油刷蘸油过多或喷嘴口径太大，或是稀释剂选用不当或混入水分。

防治措施： 在施工中涂料的黏度要稠稀合理，要控制每遍涂刷的厚度。油刷蘸油时要勤蘸，每次少蘸、勤顺，特别是凹槽处及造型细微处，要及时刷平，注意施工现场的通风，修理应等待漆膜干透后，用细砂纸将漆膜打磨平滑后，再涂刷一遍漆。

（2）有刷纹怎么处理？

原因分析： 涂料黏度过大，涂刷时未按木纹方向顺刷，使用的油刷过小、刷毛过硬及刷毛不齐。

防治措施： 施工时应选择配套的稀释剂和质量好的毛刷，涂料黏度调整适宜。修理时，用水砂纸轻轻打磨漆面，使漆面涂刷平整后再涂刷一遍漆。

（3）有皱纹怎么处理？

原因分析： 涂刷时或涂刷后，漆膜遇高温或太阳暴晒。表面干燥收缩而里面未干；也可能是漆膜过厚。

防治措施： 应避免在高温及日光暴晒条件下操作，根据气温变化，可适当加入稀释剂，且每次刷漆要薄。出现皱纹后应待漆膜干透后用砂纸打磨，重新涂刷。

（4）漆膜粗糙怎么办？

原因分析： 油漆质量差，施工环境中灰尘大，工具不清洁。

防治措施： 除按规范要求施工外，应选择质量好的清漆。修复时，可用砂纸将漆膜打磨平滑，然后再涂刷一遍面层清漆。

（5）涂膜龟裂怎么办？

原因分析： 基层未干透、含水率过大，或由于腻子配剂不当，粘结效果差。

防控措施： 油漆施工前，基层应充分干燥，腻子粘接牢固。

11. 色带如何施工？

具体措施：

（1）按照设计要求及建筑物立面效果图，弹出色带位置的控制线及色带宽度（色带间距可分层设置或隔层设置，一般分层设置约为 50～120mm）；

（2）根据色带控制线用壁纸刀及专用工具开出色带凹槽，深度一般为 10～15mm，要求阴阳角方正、凹槽平整；

（3）在抹抗裂砂浆时，色带与平面抹灰同时进行，耐碱玻纤网格布搭接在色带中部，上压下搭接尺寸不小于 50mm。色带抹灰要用专用工具，做到阴阳角方正、色带平直、美观大方。

12. 饰面涂裱胶粘剂刷涂部位怎样正确选择?

情况说明：墙纸背面分两类材质，即纸基底和布基底。

具体措施：

（1）纸基底墙纸，纸基底墙纸吸水会膨胀，所以一定要在纸基底墙纸背面刷胶，并放 5min，让纸基吸胶展平；

（2）布基底墙纸，布基底墙纸不会产生膨胀现象，所以只要在墙上刷胶就可以了，墙背面不用刷胶。

13. 怎样正确配制黏稠度适当的胶粘剂?

具体措施：

（1）墙面（如砖墙或加气混凝土墙）相接处，应加设钢丝网片，每侧不少于 150mm；

（2）配制胶粘剂时，要正确判断胶粘剂的黏稠度。判断方法：将一根筷子插入调好的胶粘剂中，如筷子倒下，表明胶粘剂太稀，水加得太多；筷子直立，表明胶粘剂黏稠度基本适当。

第十八章　裱糊工程

裱糊工程常用的饰面材料为墙纸和墙布。墙纸主要有塑料纸、织物墙纸、金属墙纸、植绒墙纸；墙布主要有无纺贴墙布、玻璃纤维墙布、装饰墙布及化纤装饰墙布和锦缎等。

1. 裱糊面粘结不牢怎么办？

现象：墙纸、墙布从脱开处向中部延伸，造成墙纸、墙布与基层大面积或整幅剥离。

防控措施：

（1）施工前，检查并确保基层含水率符合裱糊要求，特别要注意解决好浴室及厨房凝结水的问题；将室内易积水部位（如窗台水平部位）用湿毛巾擦拭干净；油漆面及有色基层墙面应刷一道底漆，以增加粘附力；

（2）施工时，必须严格按配合比调配胶粘剂，或按制造商的产品说明调制胶粘剂；胶粘剂应在规定时间内用完；要按正确的刷胶方法刷胶，并要仔细、均匀，不可有漏刷现象，特别注意拐角处胶粘剂的刷涂；

（3）施工后墙纸、墙布脱开但面积不大时，调一些胶粘剂涂在墙上，把脱开处贴上即可；倘若墙纸、墙布脱开面积较大，则要全部揭下，对整个墙面重新处理，再贴上墙纸、墙布。重新裱贴时要注意胶粘剂的配合比，以保证胶黏性。

2. 墙纸、墙布饰面背后空鼓、气泡怎么办？

现象：在墙纸、墙布表面处有缝隙，粘结不牢，有些地方出现或大或小的包状凸起块，用手指按压有弹性且有与基层附着不实、剥离的感觉。

防控措施：

（1）施工前，如基层过分干燥，应先刷一道底油、底胶或涂料，不得喷水湿润基层面。如基层含水率过大，应采取加强通风、安装空调机或吸湿机或喷吹热风等措施，使其含水率达到施工要求后方可施工；基层孔洞和凹陷不平处过大时，必须塞或刮一遍腻子，干燥后再塞或刮第二遍腻子，直至密实、平整、干燥为止，切记要一遍成活。如基层疏松或出现裂缝、空鼓，必须铲除缺陷处并进行彻底处理，直至符合要求；石膏板或木板面及不同材料基层接缝处必须嵌缝密实，并粘贴抗裂湿强纸带。要铲除干净石膏板纸基面的起泡并重新补贴好基面；应用棉纱蘸酒精消除木板面上较大结疤的油脂，再刮补腻子修磨平整；

（2）施工时，避免阳光直射或穿堂风劲吹，室内温度、湿度差异过大时不要施工；涂刷胶粘剂应厚薄均匀，为防止出现涂刷不均，涂刷后要用刮板刮一遍；严格按墙纸、墙布裱糊工艺施工，墙纸、墙布上墙时应自上而下紧贴基层面敷平，并用刮板在墙纸、墙布中间向其两边轻轻地赶压，将气泡或多余的胶液赶出，不得使空气积存于墙纸（墙布）与基层之间，使墙纸、墙布粘牢于基层上，不得先将周边压实，再赶压中间。赶压胶液时用力应均匀。

3. 墙纸、墙布饰面施工后空鼓怎么办？

治理方法：施工后裱糊面出现气泡、空鼓，可用注射针管从气泡上部刺进并将空气抽出，再注射进胶液。注进胶液后，先用手指盖住针孔使胶液从针孔处挤出并及时擦抹干净，直至将墙纸、墙布贴平实。也可用刀开口后将多余胶粘剂刮去并压实墙纸、墙布。

4. 墙纸、墙布饰后有胶痕、斑污怎么办？

现象：裱糊物表面局部粘有胶液或在缝隙处出现胶液溢出并向下流坠。

原因分析：

（1）没有及时擦除拼缝处溢出的胶液，导致其向下流坠，在墙纸、墙布表面拼缝处形成局部胶痕；

（2）操作者操作时手上沾有胶液，残留在墙纸、墙布表面而形成胶痕。

防控措施：施工前操作者应人手一条干净毛巾用于擦拭多余胶液。

治理方法：施工后拼接缝处或饰面上出现胶痕时，要用湿布轻擦胶痕、污渍几次，过 2～3min 后，再用湿布轻擦几次，直至胶痕软化。胶痕软化后即可用湿布擦掉。

5. 墙纸、墙布表面出现霉斑怎么办？

现象：墙纸墙布表面出现局部霉斑、星点或部分光亮亮斑等。

原因分析：

（1）墙面潮湿发霉引起局部霉斑、星点；

（2）裱糊物表面有未擦干净的胶迹，胶迹干后胶膜反光；

（3）贴带花纹或较厚的墙纸、墙布时刮板刮压力量过大，将花饰或厚塑料层压偏，致使墙纸表面光滑反光。

防控措施：

（1）施工前，对基层进行检查，并要保持基层干燥；在刮腻子后要用砂纸打磨墙面，不可用钢丝绒或钢丝刷刷擦墙面；

（2）施工时，容易凝结水汽的墙面（如浴室），可选用含防微菌剂的胶粘剂。

6. 墙纸、墙布表面出现斑污怎么办？

治理方法：施工后，墙纸、墙布上出现褐斑点很多，而且不宜用家具或字画等遮掩时，必须揭下墙纸、墙布，彻底处理基层墙面后，重新裱贴墙纸、墙布；若墙面潮湿，可在重新裱贴墙纸，墙布前，用防微菌剂处理；若是墙面阴凉，可用整卷泡沫聚苯乙烯作为衬纸。

7. 墙纸、墙布表面有凸料点怎么办？

现象：表面有突起物或颗粒，不光洁、平整。

原因分析：

（1）基层表面污物未清除干净；凸起部分未处理平整；砂纸打磨不够或漏磨；

（2）使用工具未清理干净，有杂物混入胶粘材料中；

（3）操作现场周围有灰尘飞扬或污物落在刚粉刷的表面上。

防控措施：

（1）施工前，应清除干净基层表面的污物，基层混凝土流坠的灰浆或接茬棱凸需用铁铲或电动砂轮磨光。腻子凸起部分要用细砂纸打磨平整；对表面粗糙的粉饰，可以用细砂纸轻轻打磨光滑，或用铲刀将小疙瘩铲除平整，并涂底油一道；

（2）施工时，使用的胶粘剂需要过筛（或过钢丝箩）保持胶粘剂洁净；所用工具和操作现场也应保持洁净，以防止污物混入腻子或胶液中。

8. 墙纸、墙布对花不齐怎么办？

现象：有花饰的墙纸、墙布裱糊后，有两张或更多张墙纸的正、反面或阴、阳面不一致、裱贴颠倒，或在门窗口的两边、室内对称的柱子、两面对称的墙面等部位出现裱糊的墙纸花饰不对称现象。

原因分析：

（1）裱糊时未仔细区别裱糊物的正、反花或阴、阳花等花饰，造成相邻墙纸墙布花饰的不同；

（2）对要裱糊的墙纸、墙布的墙面未进行周密的观察研究；

（3）裱糊墙纸、墙布前没有区分无花饰和有花饰墙纸的特点，盲目裁割墙纸。

防控措施：

（1）施工前，认真区分有花饰的墙纸、墙布后将上口的花饰统一裁割为一种形状，按照实际尺寸留出同一余量；

（2）施工时，要仔细分辨印有正、反花或阴、阳花花饰的墙纸、墙布，最好采用搭接法进行裱糊，以避免由于花饰略有差别而误贴。采用接缝法施工时，如第 1 张墙纸、墙布的边花饰为正花，则必须将相邻第 2 张墙纸、墙布边的正花饰裁割掉；

（3）如果前 2～3 幅墙纸、墙布贴上去后，边缘的图案对不齐，要检查整批墙纸、墙布，确定墙纸、墙布边缘是否切的过多，并及时更换不合格的整卷墙纸、墙布；

（4）观察裱糊房间，仔细看有无对称部位，若有对称墙面，应认真设计排列墙纸、墙布的花饰，并裱糊对称部分，后贴边角，将搭缝挤入阴角处。

9. 相邻墙纸、墙布间接缝不紧密怎么办？

现象：

（1）相邻墙纸、墙布间的连接缝隙超过允许范围，出现离缝而显露基层面；

（2）墙纸的上端与顶角线、挂镜线，下端与踢脚线、墙裙、腰线的上下端等处出现连接不严、显露基层面。

防控措施：

（1）施工前，必须量准尺寸，经认真复核后再裁割墙纸墙布；

（2）剪裁的墙纸、墙布较长时，在修剪已裱糊好的墙纸、墙布时，要有专人按住尺子，另一人持刀正确修剪。用力要适当，防止将基层面划出深痕，刀刃不锋利者应重新换刀操作；

（3）为防止墙纸、墙布上下亏纸，应在裁纸时考虑预留一定长度，花式墙纸、墙布也可只在预留口处留下余量，待裱糊完后割掉多余部分；

（4）裱糊前除复核墙纸、墙布外，一般还应作浸水处理，使墙纸、墙布吸水后横向伸胀，一般 800mm 宽的墙纸能伸宽约

10mm，干后绷紧，应掌握此特性使墙纸裱糊后不离缝；

（5）施工时，裱糊后一张墙纸时必须与前一张墙纸对好缝，不露缝隙；

（6）操作时要从接缝处横向往外赶压胶液和气泡，不许斜向来回赶压或由两侧向中间推挤，目的是使对好缝的纸边不再走动，如果出现走动，应及时将纸边赶回原接缝位置至密缝。所以，在赶压气泡时，宜将一钢直尺按压在接缝处。

10. 墙纸、墙布色泽不统一怎么办？

现象：墙纸、墙布表面有花斑，色相不统一，与原墙纸、墙布颜色不一致。

防控措施：

（1）施工前，为防止批号不同的墙纸、墙布存在颜色差异，应一次购买足够所需墙纸、墙布。选用不易褪色、较厚的优质产品，严禁使用残次品；

（2）基层颜色较深时，应选用较厚、颜色较深及花饰较大的墙纸、墙布，待基层含水率小于8%时，方可裱糊；

（3）基层颜色深浅不一时，应刷一道1∶5（质量份数）白色乳胶漆水溶液盖底；基层如有泛碱现象，应先使用9%（质量份数）稀醋酸中和清洗，待其干燥后才能裱糊；

（4）施工时，及时检查墙纸、墙布，若发现同一批墙纸、墙布中有色差，则应更换，若无法更换，应将这些墙纸、墙布贴在家具背后、窗洞等不显眼的地方，也可贴在不同的墙面上，使差异在不同的光线和阴影下看不出来；尽量避免墙纸、墙布处在日光直接照射下或在有害气体环境中贮存和施工。

11. 墙纸、墙布裱糊接缝、包角、花饰不垂直怎么办？

现象：相邻两张墙纸、墙布的接缝不垂直，阴阳角处不垂直，或墙纸、墙布的接缝虽垂直，但花纹不与纸边平行等现象。

防控措施：墙纸、墙布施工前。对基层表面或基层阴阳角先作检查，看基层表面是否垂直平整、无凹凸，阴阳角是否垂直、方正；若不符合要求，必须进行修整，直到合乎要求才能施工。根据阴角搭缝的里外关系，决定哪一面墙先进行裱糊，并进行裱糊前的弹线。

施工时，裱糊的第一张墙纸、墙布边必须紧靠弹线。采用接缝法裱糊花饰墙纸、墙布时，应先检查墙纸、墙布的花饰是否与纸边平行，如不平行，应将斜移的多余墙纸、墙布边裁割平整，然后裱糊。采用搭接法进行大面积施工时，对一般无花饰的墙纸、墙布，裱糊第 2 张时，搭接处只需搭接 2～3mm；对有花饰的墙纸、墙布，可将两张墙纸（墙布）的纸边相对花饰重叠，除按照正确的搭接拼缝施工方法对花准确后，一定要在接缝中间吊垂直线，在搭缝处沿垂直线用钢直尺将重叠处压实，由上而下一刀裁割到底，将切断后的余纸撕掉，然后将拼缝敷平压实，这样可保证接缝的垂直。裱糊每一面墙的阴阳角及所有基层处时，均应弹出垂直线，以防贴斜，垂直线越细越好；也可以第 1 张墙纸、墙布按垂直分格控制线裱糊，在第 2～3 张墙纸、墙布后用线锤检查接缝的垂直度，发现偏差及时纠正，以保证阴阳包角垂直。

治理方法：施工后，发现墙纸、墙布接缝或花饰垂直度偏差较大时，必须将已经裱贴的墙纸、墙布揭掉，把基层清理干净、处理平整，严格按工艺要求重新裱贴。

12. 墙纸、墙布翘边（俗称张嘴）怎么处理？

现象：在接缝和收口处出现的墙纸、墙布边缘脱离基层并翘卷。

防控措施：

（1）施工前，必须清除干净基层表面的灰尘、油污等，确保基层含水率不超过 8%，并用腻子刮平基层表面的凹凸不平；根据不同施工环境、温度、基层表面情况及墙纸、墙布的品种，选择不同的胶粘剂；

（2）施工时，必须严格按配合比或按制造商的说明调制胶粘剂；刷胶要仔细、均匀，胶粘剂应在规定时间内用完；阴阳角墙纸、墙布搭缝时，应先裱糊压在里面的墙纸、墙布，再用黏性较大的胶液或增刷 1～2 次胶液的方法粘贴面层墙纸、墙布。搭接宽度一般大于 30mm，且搭接在阴角处，并且保持垂直、无毛边；严禁在阳角处甩缝，墙纸、墙布包裹阳角不小于 20mm，包角墙纸、墙布用黏性较大的胶液或增刷 1～2 次胶液的方法粘贴、压实。

13. 墙纸、墙布发生皱折、死折怎么办？

现象：在墙纸、墙布表面出现皱纹，棱背凸起。

防控措施：

（1）施工前，选择材质优良的墙纸、墙布，禁用残次品。对优质墙纸、墙布施工前也需要进行检查，厚薄不均匀的地方要剪掉；

（2）施工时应用手将墙纸、墙布舒展铺平后，才能刮板赶压，且用力要均匀。若墙纸、墙布未能舒展铺平整，不得使用钢皮刮板推压，特别是墙纸、墙布已经出现褶皱时，必须将墙纸、墙布轻轻揭起慢慢推平，再赶压平整。

14. 破损的墙纸怎样修补？

撕破的墙纸可用一块颜色和图案相同的墙纸来修补。

修补方法：

（1）把墙纸破损部分撕下，留下四周粘贴牢固的部分；

（2）拿一块新墙纸盖住破洞，转动新墙纸，使其花纹与四周完全对齐，并做下记号，沿号裁剪下这块补丁；

（3）沿补丁周围剥下 30mm 宽的背衬，使其周边变薄；

（4）在该块补丁背后涂胶粘剂，用补丁盖住破洞，要求图案与四周墙纸上的对齐，然后从中心向四周把补丁刷平。

第十九章 油漆工程

1. 油漆流坠怎么治理?

现象：在垂直物体的表面，或线角的凹槽处，油漆产生流淌。较轻的形成泪痕像串珠子；严重的如帐幕下垂，形成突出的倒影山峰状态，用手摸明显地感到流坠处的漆膜比其他部分凸出。

治理方法：

（1）漆膜未完全干燥，在一个边或一个面上油漆有流坠时，可用铲刀（开刀）将多余的油漆铲除后，对这个边或面再用同样的油漆满刷一遍即可；

（2）如漆膜已完全干燥，对轻微的油漆流坠，可以用砂纸将流坠油漆磨平整；对大面积油漆流坠，可用水砂纸磨平或用铲刀（开刀）铲除干净，并在修补腻子后，满刷一遍油漆即可。

2. 油漆慢干和回粘怎么治理?

现象：油漆涂刷后，漆膜超过规定时间，仍未干燥，称为慢干；如果漆膜已形成，但仍有粘指现象，称为回粘。慢干和回粘都容易使漆膜表面碰坏或污损，使施工期延长，严重的还需要返工。

治理方法：

（1）漆膜有较轻微的慢干或回粘弊病，可加强通风，适当增加温度，加强保护，观察数日，如确实不能干燥结膜，再作处理；

（2）慢干或回粘严重的漆膜，要用强溶剂洗掉刮净，再重新涂油漆。

3. 油漆漆膜粗糙怎么治理？

现象：油漆涂饰在物体上，涂膜中颗粒较多，表面粗糙，不但影响美观，而且会造成粗粒凸出，部分漆膜提前损坏。

治理方法：

（1）漆膜表面粗糙，可用砂纸打磨光滑，清除灰尘再刷一遍面漆；

（2）对于高级装修，可使用水砂纸或砂蜡打磨平整，最后上光蜡（汽车光蜡）或用抛光膏出亮，消除粗糙弊病，提高漆膜的光滑及柔和感。

4. 油漆漆膜皱纹怎么治理？

现象：漆膜干燥后，收缩形成许多高低不平的棱脊痕迹，影响表面光滑和光亮。但专门产生的美术漆，如晶纹漆、皱纹漆等的棱脊则不属于漆膜的病态。

治理方法：对于已产生皱纹的漆膜，应待漆膜完全干燥后，用水砂纸轻轻将皱纹打磨平整。皱纹较严重不能磨平的，需在凹陷处刮腻子找平，再做一遍面漆。

5. 油漆呈现橘皮状怎么治理？

现象：漆膜表面呈现出许多圆状突起，形如橘子皮。

治理方法：有橘皮弊病的涂层，用水砂纸将凸起部分磨平，凹陷部分抹补腻子，再满涂饰一遍面漆。

6. 油漆膜起泡怎么治理？

现象：漆膜干透后，表面出现大小不等的突起气泡，用手压感到有一点弹性。气泡是在漆膜与屋面基层，或面漆与底漆之间发生的，起泡的地方附着力为零，气泡外膜很容易成片脱落。

治理方法：

（1）轻微的漆膜起泡，可待漆膜干透后，用水砂纸打磨平整，再补面漆；

（2）较严重的漆膜起泡，必须将漆膜铲除干净，待基层干透，针对起泡原因经过处理后，再涂油漆。

7. 油漆“发笑”怎么防治？

现象：漆膜表面有部分位置收缩成锯齿、圆珠、针孔等形状（像水洒在蜡纸上一样），斑斑点点露出底层，影响漆膜的外观和质量。此现象在清漆、红丹漆等操作中发现较多，面漆中可见底漆，底漆中可见基层物面。

防治方法：

（1）认真清除基层表面的油污、潮气等；如基层表面太光滑，可以用肥皂、酒精或溶剂在表面上擦抹一遍；也可以用细砂纸打磨后再涂面漆；

（2）如果收缩现象在涂刷时发生，应即刻停刷，用汽油或松香水擦净物面，再用布包石灰粉末或滑石涂刷物面，最后清扫干净或刷1～2遍漆后封闭，即可避免。

8. 油漆膜太薄怎么治理？

现象：漆膜缺乏覆盖底层的能力，或失去光泽呈现干巴现象。

治理方法：如涂抹太薄、光亮不足，可经过表面处理后，再加刷一遍面漆。

9. 油漆木纹浑浊怎么治理？

现象：青色油漆涂饰后，显露木纹不清晰，漆膜不透彻、不光亮。

治理方法：漆膜有较重的刷纹，需用水砂纸轻轻打磨平整光滑，之后刷一遍面漆即可。

10. 油漆胶状物析出怎么治理？

现象：漆膜自生胶状物或硬块，影响漆膜的美观和使用寿命。

治理方法：有较严重析出弊病的漆膜，需用水砂纸轻轻打磨至平整光滑，再涂一遍较好的面漆即可。

11. 油漆“发汗”怎么办？

现象：基层有矿物油、蜡质、或底漆有未挥发掉的溶剂，把面漆膜局部溶解并渗透到表面。

治理方法：对有发汗弊病的漆膜，要加强通风，促使漆膜氧化和聚合物达到完全干燥，不再产生发汗。如果仍有发汗现象，应分析原因，属于基层潮湿不干或有油污的，要清除漆膜，进行处理后再涂饰。

12. 油漆“咬底”怎么办？

现象：面漆中溶剂把底漆膜软化，影响底漆与基层的附着力，使漆膜破坏，缩短使用寿命。

治理方法：轻微咬底，不影响质量的可不进行处理。较严重的，需将涂层全部铲除洁净，待基层干燥后，再选用同一品种的涂料进行涂饰。

13. 油漆膜“发花”怎么办？

现象：两种以上颜色配制的混色漆，在涂刷中或干燥成膜时，油漆面上有一小部分着色颜料，脱离颜料本身分离到膜面上层，产生乏色，但并无斑点发生，漆膜湿时色淡，干后较深。在漆膜面上出现不同颜色的斑纹或直线丝纹，称为浮色。有时在清漆中也会产生发花。

治理方法：对于有发花弊病的涂层，可以选择优良的涂料，用软毛漆刷再涂刷一遍面漆即可。

14. 油漆膜倒光怎么治理？

现象：漆膜干燥后，表面无光泽或有一层白雾状物凝聚在漆膜上（有时呈蓝色光彩）；有的浑浊或呈半透明乳色。这种弊病常在涂漆后立即产生，或几小时后出现。

治理方法：

（1）漆膜倒光，可用远红外线照射，促使漆膜干燥；也可待漆膜水分蒸发后，倒光自行消失，但时间较长；

（2）在倒光的漆膜表面，涂一薄层加有防潮剂的涂料。

15. 油漆膜“生锈”怎么治理？

现象：钢铁基层涂漆后，漆膜表面开始略透黄色，然后逐渐破裂出现锈斑。

治理方法：凡已产生“锈蚀”的漆膜，要铲除漆膜后，进行“除锈”处理，然后重新作底漆。

第二十章　装饰装修细部工程

1. 木搁栅制作安装中的质量缺陷如何防控?

现象:

（1）木搁栅与墙体固定不牢固;

（2）木搁栅安装不平整，阴阳角不方正;

（3）洞口的口角不方正;

（4）分格的档距不符合要求。

防控措施:

（1）认真熟悉图纸，在结构施工阶段，对设置预埋件的规格、部位、间距及装修留量等要作详细交底;

（2）木搁栅材料的含水量应小于15%。厚度不得小于20mm，并不得有腐朽、疖疤、劈裂、扭曲等弊病;

（3）木搁栅安装前，应对墙面洞口进行一次修整，偏差较小时，可用搁栅的厚度来调整。偏差较大时，要从结构上修整;

（4）检查预留木砖是否符合木搁栅分档的尺寸，数量是否符合规定。木砖的间距图纸无规定时，横、竖一般不大于400mm。如木砖的位置不符合要求，应予补设。当墙体为砖墙时，可在需要加木砖的位置剔掉一块砖，用高标号砂浆卧入一块木砖。当墙体为混凝土时，最好用射钉枪射入螺栓与木搁栅结合;

（5）木搁栅必须与每一块木砖钉牢，每一块木砖钉两枚钉子，钉子应上下斜角错开;

（6）筒子板的木搁栅一般分三片配置，上部一片，两边各一片。安装时先安上边，标高统一从基准线往上返。上片找平后与木砖钉牢，再安装左右两片，并用线坠找直后与木砖钉牢;

（7）护墙板（木墙裙）的木搁栅钉完后，横向根据墙面抹灰的标筋拉线找平，竖向吊线坠找直，根部及拐角用方尺靠方。所垫木垫块必须与木搁栅钉牢；

（8）护墙板（木墙裙）在阴阳角处必须在拐角两个方向钉木楞。

2. 木门窗套面层板一般安装缺陷怎么防控？

现象：

（1）面层的木质花纹错乱，颜色不匀，棱角不直，表面不平，接缝处有黑纹及接缝不严等；

（2）筒子板、贴脸板割角不严、不方。

防控措施：

（1）安装前要精选板面材料，将树种颜色、花纹一致的使用在一个房间内；

（2）使用切片板时，尽量将花纹对上。一般花纹大的安装在下面，花纹小的安装在上面，防止倒装。颜色好的用在迎面，颜色稍差的用在较背的部位。如一个房间的面层板颜色不一致时，应逐渐由浅变深，不要突变；

（3）有筒子板的门窗框要有裁口和打槽；

（4）贴脸下部要有贴脸墩，贴脸墩要稍厚于踢脚板。不设贴脸墩时，贴脸板的厚度不能小于踢脚板厚度，以免踢脚板冒出；

（5）筒子板先安顶部，找平后再安装两侧；

（6）安贴脸板时，先量出横向所需要长度，两端放出 45°角，锯好刨平，紧贴在樘子上冒头钉牢，再配两侧贴脸。贴脸板厚最好盖过抹灰墙面 20mm，最小也不得小于 10mm；

（7）筒子板与贴脸的交接处，以及贴脸的割角处均须抹胶粘结牢固。

3. 木门窗套面层板对头缝不严怎么防控？

原因分析：

（1）操作时，先钉上面的板，后接下面的板，压力小；

（2）胶刷得过厚，又未用力将胶挤出，使缝内有余胶，产生黑纹。

防控措施：

（1）接对头缝，正面与背面的缝要严，背后不能出现虚缝；

（2）先安装下面板，后接上面板，接头缝的胶不能太厚，胶应稍稀一点，并且刷匀，接缝时用力挤出余胶，以防拼缝不严和出现黑纹。

4. 如何避免踢脚板冒出贴脸？

防控措施：

（1）钉帽要打扁一些，顺木纹钉入，将铁冲子磨成扁圆形和钉帽一般粗细；

（2）踢脚板出墙面要一致，严格控制尺寸；

（3）半贴脸加厚或加贴脸墩，以保证踢脚板顶着贴脸不得冒出。

5. 护墙板面层明钉缺陷如何防控？

现象：硬木装修钉眼过大。贴脸、压缝条、墙裙压顶条等端头劈裂以及钉帽外露等。

原因分析：

（1）钉帽打得不够扁，打扁的钉帽横着木纹往里打；

（2）铁冲子太粗，大于钉子直径；

（3）钉前没有木钻引眼；

（4）面板拉缝处，露出下面龙骨上的大钉帽。

防控措施：

（1）打扁后的钉帽要略小于钉子直径，扁钉帽应顺着木纹往里卧入，钉子位置应在两根木筋（两个年轮）之间；

（2）铁冲头要呈圆锥形，不要太尖，但应保持略小于钉帽的状态，将钉帽冲入板面下 1mm 左右；

（3）遇到比较硬的木料，应先用木钻引个小眼，再钉钉子。

治理方法：

（1）钉劈的部位，将钉子起出来，劈裂处用胶粘好，待牢固后，再用木钻在两边各引小眼，补钉牢固；

（2）面板拉缝处木龙骨上露出的大钉帽，可用铁冲将其冲进10mm左右，然后用相同的木料粘胶补平。

6. 挂镜线安装高低不平，四周不交圈怎么防治？

现象：挂镜线高低不平，四周不交圈。

原因分析：

（1）门窗框或贴脸上皮高低不一，使四周不交圈；

（2）转角处接缝不严。

防治措施：

（1）有挂镜线的房间安装门窗框时，要特别注意使门窗框的标高准确划一；

（2）如已造成窗框高低不一时，挂镜线应先装短向后装长向，以长向的一面调整高低差；

（3）有挂镜线的房间墙面抹灰必须冲筋上杠；

（4）墙内预埋木砖间距应不大于500mm，位置要准确，阴角处两面均应留木砖；

（5）挂镜线拐角及接头处作45°对接，长度方向的接头应在木砖上，并在两端头各钉一枚钉子。

7. 窗帘盒安装不平、不严如何防控？

现象：

（1）单个窗帘盒高低不平，一头高一头低；同一墙面若干个窗帘盒不在一个水平上；

（2）窗帘盒与墙面接触不严；

（3）窗帘盒两端伸出窗口的长度不一致。

防控措施：

（1）窗帘盒的标高不得从顶板往下量，更不得按预留洞的实际位置安装，必须以基本平行线为标准；

（2）同一面墙上有若干个窗帘盒时，安装时要拉通线找平；

（3）洞口或预埋件位置不准时，应先予以调整，使预埋连接件处于同一水平上；

（4）安装窗帘盒前，先将窗框的边线用方尺引到墙皮上，再在窗帘盒上画好窗框的位置线，安装时要两者重合；

（5）窗口上部抹灰应设标筋，并用大杠横向刮平。安装窗帘盒时，盖板要与墙面贴紧，如果墙面局部不平，可将盖板稍微修刨调整，不得凿墙皮。

8. 窗帘轨安装不平、不牢如何防控？

现象：窗帘轨不直，滚轮滑动困难；或安装不牢，窗帘轨脱落。

防控措施：

（1）窗帘轨安装前应先调直，安装时再在盖板上画线，多层窗帘轨的档距要均匀；

（2）窗帘宽度大于 1200mm 时，轨道应分两端，端开处要煨弯错开，弯度要平缓，搭接长度不少于 200mm；

（3）盖板不宜太薄，以免螺钉拧紧太少而不牢。盖板厚度一般不小于 15mm，有多层窗帘轨时要加厚。

9. 窗帘盒两端伸出的长度不一致怎么办？

原因分析：窗中心与窗帘盒中心相对不准，操作不认真所致。

治理方法：安装时应核对尺寸使两端尺寸相同。

10. 窗帘盒迎面板扭曲怎么办？

原因分析：是加工时木材干燥不好，入场后存放受潮。

治理方法：将受潮的木材重新晾晒干燥，安装时及时刷油漆一遍。

11. 窗台板高低不一如何防控？

现象： 单个窗台板一头高一头低，或房间内若干个窗台板不在同一水平上。

防控措施：

（1）窗台板的顶部标高必须由基准水平线统一往上量，房间有多个窗台板时应拉通线找平，而且在每个窗台的木砖顶面钉好找平木条；

（2）如果几个窗框的高低有出入，应经过测量做适当调整。一般就低不就高，窗框偏低时可将窗台板稍截去一些，盖过窗框下冒头。

12. 窗台板与墙面、窗框不一致如何防控？

现象：

（1）窗台板挑出墙面的尺寸不同、宽窄不一；

（2）窗台板两端伸出窗框的长度不一致。

防控措施：

（1）安装时距内墙抹灰面尺寸应一致；

（2）预留窗洞口要准确，以保证抹灰厚度一致；

（3）窗框下冒头内侧要有裁口。

13. 窗台板活动、翘曲、泛水不一致如何防控？

现象： 窗台板活动、翘曲、泛水不一致。

防控措施：

（1）窗台板要用干木料，并在其下留变形缝；

（2）窗台板下的墙体内要预留木砖，窗台板与木砖钉牢，并拉通线找平；

（3）安装窗台板时要用水平尺找平，允许顺泛水 1mm。

14. 散热器罩与窗台板之间有缝隙如何防控?

现象: 散热器罩与窗台板之间有缝隙，接触不严。

防控措施:

(1) 有散热器片房间的窗台板，在订货加工时必须标明底部磨平，同时要求窗台板的厚度一致;

(2) 严格控制窗台板与室内地面的标高，保证从地面至窗台板的距离及散热器罩的尺寸符合要求;

(3) 加工散热器罩时，将下面龙骨往上提 10mm 左右，即板面冒出龙骨 10mm，使调整高度时加垫或刻槽后台板不致外露。

15. 散热器罩翘曲不平怎么防控?

原因分析:

(1) 当炉片罩较大(有的宽达 3~4m)，而骨架较小时，刚度不足，安装后扭曲不平;

(2) 安装散热器罩时，由于客观原因往往改动较大，使骨架结构遭到破坏，刚度及稳定性降低;

(3) 木料不干燥，产生翘曲变形。

防控措施:

(1) 较大的炉片罩最好采用金属骨架;

(2) 炉片罩作较大改动时，应采取措施维持其结构刚度和稳定，龙骨的交接处要保证结合牢固。

16. 木扶手与栏杆结合不牢固如何防控?

现象: 木扶手活动，木螺钉歪斜不平。

防控措施:

(1) 栏杆上部带钢螺钉孔中距不应大于 400mm，螺钉孔四周要旋成窝，每个螺钉孔必须拧螺钉，不得有间隔;

(2) 螺钉孔应留在靠近栏杆立铁的上角部位，操作时应使螺钉旋具与扶手底垂直，防止螺母歪斜；

（3）硬木扶手的螺钉孔用木钻引孔的深度不得大于木螺钉长度的 2/3。

17. 木扶手转角处弯头表面不平整如何防控？

原因分析： 木扶手转角处弯头与长条抛光、打光达不到要求，规格断面不一致。

防控措施：

（1）操作施工时要严格要求；

（2）楼梯扶手、弯头断面尺寸、形状与长条木扶手一致，阴、阳角应通顺，表面要求平整，不得有锯纹和刨印等缺陷。

18. 木扶手接头不严如何防控？

现象： 弯头与扶手、扶手与扶手接头不严，产生缝隙，或在交工后接头处“拔缝”。

防控措施：

（1）木扶手及弯头应使用干燥木料，含水率不大于 12%，整体弯头一般在现场加工。如不能烘烤时，应在使用前 3 个月用水煮 24h 后，放在阴凉通风处自然干燥；

（2）接头的切割面要用木锉修整，保证接触严密，宽度大于 700mm 的扶手，要作暗大头榫，并在弯头或下面的扶手上作卯，卯榫要精确，拼接的弯头要做 45°榫接，保证拐角处方正；

（3）弯头及扶手如用蛋白质胶粘结，涂抹时的温度不低于 50℃，环境温度不低于 5℃；

（4）接头交接时要由下而上进行，胶的涂抹要均匀，多余的胶要尽力挤出擦净，或在接头面划几道浅槽，以吸收余胶。

19. 楼梯木扶手弯头不顺，扶手不直怎么防控？

现象： 弯头拐弯生硬，木扶手弯曲，接头处高低不平。

原因分析：

（1）木扶手加工后，由于放置不当而弯曲变形；

（2）整体弯头修整时没有仔细画线，或毛料下得太小，致使弯头的弯度不顺；

（3）铁栏杆安装不平，扁铁不直，立杆与扁铁焊接处表面有焊包；

（4）扶手底部扁铁槽深浅不一。

防控措施：

（1）木扶手加工后要垫平堆放，不得暴晒或受潮；

（2）作弯头的整料需先斜纹出方，然后画线锯成毛坯，再加工成基本形状。第二步加工时，先将弯头地面作准，然后将扶手套在弯头顶端画线，再刨成半成品。安装后与扶手找平找顺；

（3）安装铁栏杆时，为防止铁栏杆变形，要在栏杆扁铁上绑5mm×10mm 木方加固；

（4）安装木扶手前，要检查栏杆的平整度、垂直度和斜度，如不符合图纸要求应先修理；

（5）栏杆扁铁表面如有冒出的立杆或焊渣，必须锉平。

20. 木扶手颜色、花纹不一致如何防控？

现象：相邻的木扶手或弯头的木料花纹、颜色相差较大，影响美观。

防控措施：安装木扶手时应注意选料，尽量使相邻木扶手的颜色、花纹近似，并将木纹颜色好的木扶手安在首层及显要位置。扶手安好后用不掉色的纤维织物或塑料布包裹，防止污染。

第二十一章　屋面防水工程

1. 刚性屋面防水层开裂怎么办?

现象：刚性屋面防水层裂缝一般分为结构裂缝、温度裂缝、施工裂缝。

结构裂缝通常产生在屋面板拼缝，一般宽度较大，并穿过防水层上下贯通；温度裂缝一般都是有规则的、通长的裂缝，分布均匀；施工裂缝通常是一些不规则的、长度不等的断续裂缝，也有一些是因水泥收缩而产生的龟裂。

治理方法：

(1) 刚性屋面防水层如出现结构性通裂缝时，宜用化学灌浆的方法进行补强封堵，并在裂缝处 150mm 范围内，涂刷一层胎体增强材料的涂膜防水层，此时涂膜厚度不应小于 1.5mm；

(2) 刚性屋面防水层如出现温度裂缝，应先在裂缝位置处用电动切割机将混凝土以分格缝形式凿开，缝宽以 20～30mm 为宜，凿至结构表面，然后按规定嵌填密封材料。最后应在裂缝 200mm 内，涂刷厚度不小于 1mm 的涂层；

(3) 屋面出现一般收缩裂缝时，沿裂缝方向凿成 20mm 宽、10mm 深的“V”形槽，将槽边清理干净，待干燥后，再用密封材料嵌填封严。在裂缝处 150mm 范围内，涂刷一层胎体增强材料的涂膜防水层，涂层厚度不小于 1mm。

2. 细石混凝土屋面防水层板面开裂怎样处理?

现象：细石混凝土防水层在使用过程中板面出现裂缝，这些裂缝不一定都在结构层的支座和屋面板的接缝处。裂缝可随季节的变化而不断扩大和减小，雨水沿板面裂缝渗入室内，造成渗漏。

对细石混凝土防水层的非结构裂缝，一般可采用以下方法进行修补处理。

治理方法：

（1）嵌填法。在裂缝宽度较大，且不规则时，可采用嵌填法，如图 21-1 所示。先沿裂缝部位进行修凿，使缝壁夹带具有 19mm 以上的宽度，将缝内及缝两侧 50mm 范围内的浮物、微粒、尘土清理干净，涂刷基层处理剂，沿缝嵌填密封材料，并高出防水层表面 2～3mm；

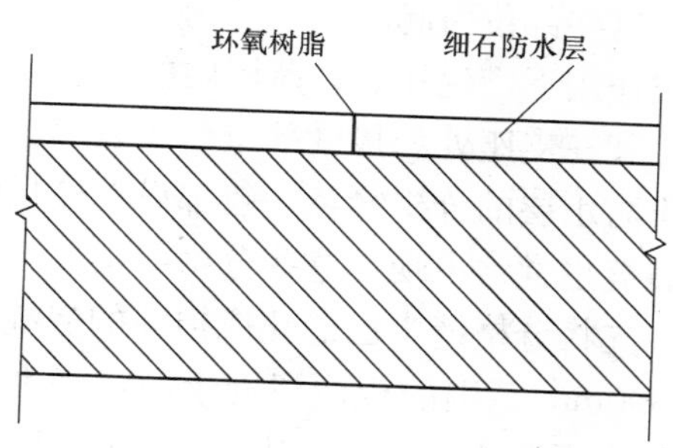

图 21-1　板面裂缝嵌填法示意图

（2）灌缝法。此法适用于防水层上较小的裂缝。具体作法，如图 21-2 所示；

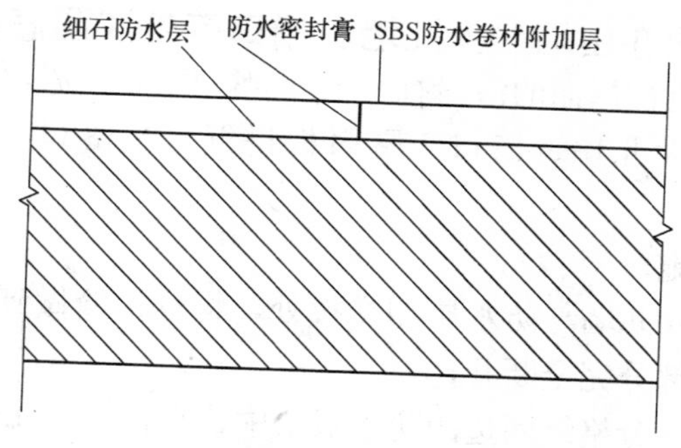

图 21-2　板面裂缝灌缝法示意图

（3）卷材铺贴法。此法适用裂缝较多，宽窄不一，不规则，渗漏比较严重的情况。

具体作法：将细石混凝土表面清扫干净，将裂缝用密封材料封严，然后在整个细石混凝土防水层上加铺一层高聚物改性沥青或合成高分子卷材。

3. 已损坏的细石混凝土防水层分格缝怎样处理？

现象：在防水层板面上沿屋面板结构的支承端和接缝处，出现比较有规律的纵向或横向裂缝形成渗水通道，造成屋面渗漏。

原因分析：这些部位引起防水层结构裂缝的是由于屋面承重结构在长期荷载作用下产生在允许范围内的曲挠变形。所以细石混凝土防水层也就在支座处和接缝部位产生裂缝。

细石混凝土防水层的分格缝，一般都设在楼板的支座和接缝等部位，所以裂缝也常常出现在这些分格缝中。

治理方法：先将分格缝中已老化或损坏的嵌缝材料取出，并将缝内及两侧 300mm 范围的板面清刷干净，浇水湿润，重新在缝内浇灌 C20 细石混凝土，混凝土中加入膨胀剂（如 UEA 等），灌缝混凝土上皮距板面 50mm 左右。然后在缝壁的两侧涂刷基层处理剂，缝内嵌入背衬材料，并嵌填密封材料，上面用 300mm 宽的防水卷材粘贴封盖。

4. 刚性屋面在山墙、女儿墙、檐口等处渗漏怎么防控？

现象：刚性屋面的渗漏有一定的规律性，容易发生的部位主要有山墙、女儿墙、檐口、屋面板拼缝、水落口穿过防水层等处。

防控措施：

（1）在女儿墙与防水层相交接处，将分格缝做到女儿墙边，使其与泛水部分完全断开；

（2）可在分格缝两边的防水板块中，平行于女儿墙的方向配置 2 根 $\phi 6$ 或 $\phi 8$ 的温度筋，以抵抗温度应力；

（3）非承重山墙与屋面板交接处，先灌细石混凝土（或干硬性水泥砂浆），然后分两次嵌填密封材料，嵌缝深 30mm、宽 10～20mm。再按常规做卷材防水，并宜增加干铺卷材一层；

（4）当屋面坡度大于或等于 15°时，宜将天沟板靠屋面板一侧的沟壁外侧改成斜面，构成合理的接缝；

（5）分格缝设置合理，此外，普通细石混凝土和补偿收缩混凝土防水层的分格缝宽度宜为 20～25mm。分格缝中嵌填密封材料，上部铺贴防水卷材；

（6）排水管与防水层之间的接缝，用优质的密封材料嵌填；伸出屋面的管道，与刚性防水层相交处留设缝隙，用密封材料嵌填，加设柔性防水附加层；收头处应固定密封；

（7）为了保证细石混凝土灌缝质量，在板缝底部应吊木方或设置角钢做底模。

5. 合成高分子防水卷材粘结不牢怎样处理？

现象：合成高分子屋面防水层出现卷材与基层粘结不牢或没有粘结住，严重时可能被大风掀起，或者卷材与卷材的搭边部分出现脱胶开缝，成为渗水通道，导致屋面渗漏。因此，应针对不同情况，选用不同的处理方法。

治理方法：

（1）周边加固法。在卷材与基层部分脱开，防水层四周与基层粘结较差时，可采用周边加固法。即：将防水层四周 800mm 范围内及节点处的卷材掀起，清洗干净后，重新涂刷配套的胶粘剂粘合缝口，用密封材料封严，宽 10mm；

（2）栽钉处理法。在基层强度过低或表面起砂掉皮的情况下，可采用栽钉处理法。即：除按周边加固法处理外，要每隔 500mm 用水泥钉加垫块由防水层上钉入找平中，钉帽用材性相容的密封材料封严；

（3）搭接缝密封法。在防水层上的卷材搭接缝脱胶开口的情况下，可采用搭接缝密封法。即：将脱开的卷材翻起，清洗干净，用配套的卷材与卷材胶粘剂重新涂刷，溶剂挥发后进行粘合、排气、辊压，并用材性相容的密封材料封边，宽度为 10mm。

6. 屋面卷材起鼓怎么处理？

现象：卷材起鼓一般在施工后不久产生，鼓泡一般从底层卷材开始由小到大，逐渐发展，大的直径可达 200～300mm，小的约数十毫米，局部鼓起高达 50～80mm，大小鼓泡还可能成片串联。

屋面防水卷材出现鼓泡的主要原因是基层潮湿。因为绝对干燥的基层是不可能的，当用热沥青浇在找平层时，找平层表面水分遇热沥青时有些会冒出一缕“白烟”进入大气，而有些则被包裹在沥青胶结材料内形成气泡，而这一部分被铺贴的卷材压在下面就形成鼓泡。

防控措施：

（1）防水层施工前应将卷材表面清刷干净；铺贴卷材时，玛蒂脂应刷涂均匀，并认真做好压实工序，以增强卷材防水层与基层的粘结能力；

（2）当屋面基层干燥确有困难，而又急需铺贴卷材时，应采用排气屋面做法。

治理方法：

（1）直径 100mm 以下的中、小鼓泡可用抽气灌油法治理。此时先在鼓泡的两端用铁钻子钻眼，然后在空眼中各插入一支针管，其中一支抽出鼓泡内的气体，另一支灌入 10 号建筑石油沥青稀液，边抽边灌。灌满后拔出针管，用力把卷材压平粘牢，用热沥青封闭针眼，并压上几块砖，几天后再将砖移去即可；

（2）直径 100～300mm 的鼓泡可用“开西瓜”的方法治理。可先将起鼓部分铲除，再将鼓泡按斜十字隔开，翻出鼓泡内气体，擦干水，清除旧卷材及杂质，如图 21-3 所示：

之后用喷灯把卷材内部烘干，如图 21-4 所示，按编号 1～3

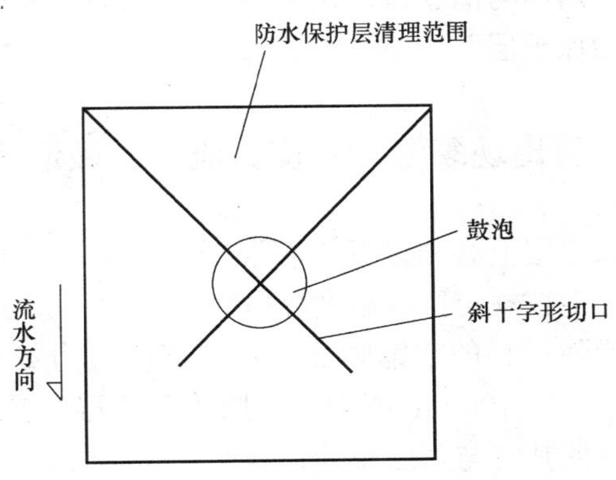

图 21-3 “开西瓜法”治理卷材鼓泡示意图

的顺序把旧卷材分片重新粘贴好，再粘一块方形卷材“4”（其边长比开刀范围大出 50～60mm），将其压入卷材“5”下，最后覆盖粘贴好卷材“5”，并将四边搭接处用铁熨斗加热抹压平整后，重做保护层。上述分片铺贴应按屋面流水方向以先下、再左右、后上的顺序进行；

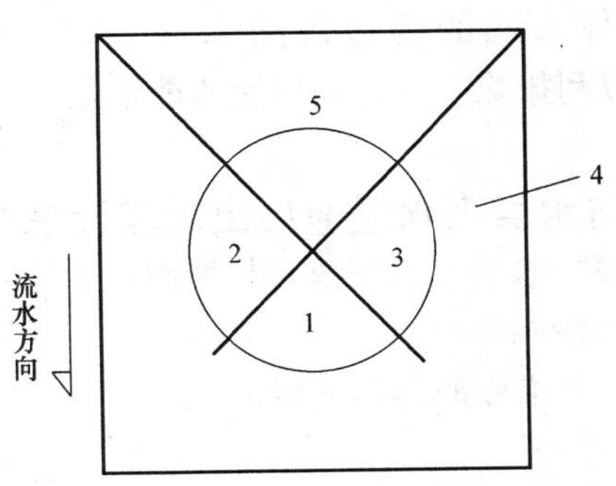

图 21-4 “开西瓜法”重新补粘鼓泡示意图

（3）如遇直径更大的鼓泡范围，可用割补法治理，重新把鼓泡卷材割除，进行基层处理，再用喷灯烘烤旧卷材槎口，并分层拨开，除去旧卷材及杂质后，依次粘贴好旧卷材，最后上铺一或二层新卷材（四周与旧卷材搭接不小于50mm）。周边熨平压实，重做“绿豆砂保护层”。

7. 涂膜防水层出现裂缝、起皮、流淌、鼓泡怎么防控?

防控措施：

（1）在保温层上必须设置细石混凝土（配筋）刚性找平层；同时在找平层上按规定留设温度分格缝。在找平层分格缝处，应增设带胎体增强材料的空铺附加层，其宽度宜为200～300mm；而在分格缝中70～100mm范围内，胎体附加层的底部不应涂刷防水涂料，以使其之与基层脱开；

（2）沥青涂料中如有沉淀物（沥青颗粒），可用32号铁丝网过滤；

（3）潮湿天气，可选用潮湿界面处理剂、基层处理剂或能在潮湿基面上固化的合成高分子防水涂料，抑制涂膜中鼓泡的形成；

（4）涂料应分层、分遍进行施工，并按事先试验的材料用量与间隔时间进行涂布；精心施工，确保涂料的成膜厚度；铺贴前，应先将胎体布幅的两边每隔1.5～2.0m间距各减一个15mm小口，以利排除空气，确保胎体能铺贴平。

8. 屋面涂膜防水层雨水浸泡后出现渗漏怎么办?

现象：涂膜防水层一般较薄，长期泡在水中，会发生粘结力降低、丧失防水性能等现象；涂膜自然蒸发成膜后长期泡水还会出现溶胀、起鼓、涂膜脱落等质量问题。

防控措施：

（1）首先屋面要有合理的分水和排水措施，所有檐口、檐沟、天沟、水落口等处要有一定排水坡度，并切实做到封密，排水畅通；

（2）天沟、檐沟、檐口、变形缝、泛水、穿透防水基层的管道或突出屋面连接处等，均应加铺有胎体增强材料的附加层。水落口周围与屋面交接处，应做密封处理，并加铺两层有胎体增强材料的附加层；

（3）涂膜深入水落口的深度不得小于 50mm。在细部构造的收头处，施工应精心操作，并用防水涂料多遍涂刷或用密封材料封严。

9. 屋面涂膜防水层雨水浸泡出现渗漏如何治理？

治理方法：

（1）如屋面结构出现裂缝时，应先对裂缝进行治理或采取堵漏措施，待结构稳定后，方可治理防水层；

（2）当发现涂膜防水层有渗漏时，应先查明原因。若涂膜防水层气泡产生渗漏，需待涂料中气泡消除后，在已有气泡的防水层上再涂刷一遍涂料。要单方向涂刷，不能来回涂刷，避免产生小气泡，涂膜厚度应控制在 2mm 以上。

10. 屋面涂膜防水层开裂怎么修？

治理方法：

（1）对轴向裂缝，可先用密封材料嵌封缝隙，再将裂缝两侧的涂膜表面清扫干净，干铺一层宽 200～300mm 的胎体增强材料，在胎体增强材料上涂刷同类型的涂料两遍，然后再按原来涂膜防水层的做法进行涂刷，宽度以 400～500mm 为宜。在新加的这层涂膜条两侧搭缝处，应用涂料进行多遍涂刷，直至将缝口封严；

（2）对于其他裂缝可用泡沫或沥青麻丝填塞后用防水涂料均匀涂刷。

11. 屋面涂膜防水层收头处渗漏怎么修？

治理方法：

（1）须把翘边张口部分的涂膜撕开，将基层清理干净，涂基层处理剂；

（2）用同类材料将翘边部位的涂膜重新粘贴上，将加压条用水泥钉固定牢固，然后再在压条上铺贴 200～300mm 宽的胎体增强材料，多遍涂刷防水涂料，将收头部分封严。

第二十二章　节能保温工程

1. 外墙聚苯板板间裂缝怎样防控？

原因分析：外墙涂料面层裂缝有很大一部分是由于基层聚苯板对接方法不当而引起的。因此，要避免涂料面层裂缝，就首先要安装好外墙聚苯板。

防控措施：

（1）企口对接。保温板对接，要采用企口对接的形式，如图22-1所示。要保证对接的企口正确完整，表面平整度允许误差3mm，无翘曲变形现象；

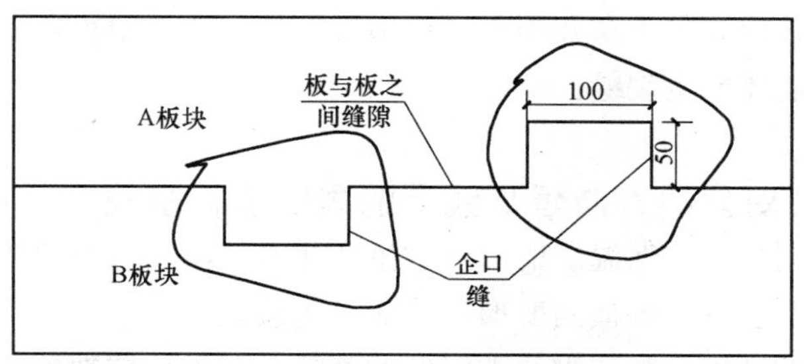

图22-1　外墙聚苯保温板拼接企口缝示意图

（2）聚苯板粘贴缝控制在2mm以下，若大于2mm，必须用苯板窄条填塞，接缝处不能抹胶，板间高差不应大于1.5mm，苯板粘贴背面胶时，涂胶粘剂面积不得小于聚苯板面积的40%，聚苯板粘贴完成后必须打磨平整；

（3）门窗四角是应力集中部位，因此门窗洞口四角处聚苯板不得拼接，应采用整块聚苯板切割成型，以避免因板缝而产生裂缝；

（4）抹 3～5mm 厚聚合物抗裂砂浆，中间压入一层耐碱玻璃网格布；

（5）按工艺操作要求涂刷外墙涂料。

2. 女儿墙和线性出挑部位发生结构形变怎样防控？

现象：在外墙外保温做法中容易被忽视的部位，是那些线性出挑部位，如阳台、雨罩、靠外墙阳台栏板、空调室外机隔板、附壁柱、凸窗、装饰线、靠外墙阳台分户隔墙、檐沟、女儿墙内外侧及压顶、排水沟、屋顶装饰造型的博士帽等。这些没做保温的部位，受温度影响而发生形变的状况与做完保温的墙体是不同的，热胀冷缩不一致，抹灰层易空鼓。经过几年温差变形的破坏，这些未做保温的部位与做了外保温的墙体交接处会产生破坏裂缝。

防控措施：对上述这些部位应进行完全的外保温，做法同外墙体。这样有助于女儿墙和线性出挑部位构造的稳定，并可避免女儿墙墙体产生裂缝。

3. 洞口对角线方向延长线上的裂缝怎样防控？

原因分析：保温层的温度发生变化时，沿洞口对角线方向的延长线上会发生纵横向变形，从而产生裂缝。

防控措施：为减少此类引发的裂缝，在外抹抗裂砂浆时，也应在洞口对角线方向的延长线上加贴一道 45°方向的耐碱玻纤维网布。

4. 抗裂防护层的平整度如何保证？

具体措施：

（1）抗裂防护层的平整度控制，首先要求控制保温隔热层的平整度，不足部分用保温浆料找平；

（2）窗角、阴阳角等部位的耐碱玻纤网布应先用抗裂砂浆贴好，接着连续施工大面，坚持先细部，后整体的施工顺序，整片的耐碱玻纤网布压住分散的耐碱玻纤网布；

（3）在耐碱玻纤网布搭接时，应先将底层耐碱玻纤网布压入抗裂砂浆内，随即再压入面层耐碱玻纤网布。

5. 怎样做好保温层滴水槽？

具体措施：

（1）保温层施工完后，根据设计要求弹出滴水槽控制线；

（2）用壁纸刀沿线划开设定的凹槽；

（3）用抗裂砂浆填满凹槽，将滴水槽嵌入凹槽与抗裂砂浆粘结牢固，收去两侧沿口浮浆，滴水槽镶嵌牢固；

（4）要求滴水槽在一个水平面上，且与窗口外边缘的距离相等。

6. 窗户塞口的保温施工如何进行？

具体措施：

（1）窗户采用后塞口施工时，从外墙面顶部的檐口处沿洞口两侧吊垂直控制通线；同层窗口拉水平控制通线。控制通线的位置应考虑外窗肩、窗沿、窗台等处保温抹灰后压住窗框的距离。保温抹灰压住窗框周边尺寸宜为10mm。根据控制通线做好窗口周边的灰饼，抹灰面与窗框接触面应留直口，留槎应在同一个平面上；

（2）窗户采用先塞口施工时，其窗框四周应填塞密实，窗户经验收合格后，方可进行保温抹灰施工，保温抹灰层包裹窗框尺寸宜为10mm，注意保温面层到窗框内侧的距离要一致；

（3）在抗裂防护层施工前，应在窗框与保温层之间放一预制长薄板，其尺寸为厚3mm、宽5mm，待抗裂防护层施工完后取出，在留槎口及时注入硅酮胶等密封胶。

7. 在做抗裂缝防护层的墙体上，施工孔洞应如何填补不留缝？

在做抗裂缝防护层的墙体上，施工孔洞的填补主要难点在于抗裂防护层的修补，

具体做法：

(1) 做大面施工抗裂缝防护层时，在孔洞的周边应留出30mm左右的位置不抹水泥砂浆，将耐碱玻纤维网布沿对角线裁开，形成四个角；

(2) 在修补孔洞时，用胶粉聚苯颗粒保温浆料填平孔洞，使孔洞周围200mm×200mm的保温层厚度略低于其他保温层厚度3～5mm；

(3) 保温层干燥后，抹抗裂砂浆，并将原预留耐碱玻纤维网布压入水泥砂浆中，在孔洞周围另加贴一层200mm×200mm的耐碱玻纤维网布压平。

8. 胶粉聚苯颗粒保温浆料施工中如何吊垂直、套方、弹控制线？

具体做法：

(1) 在顶部墙面固定膨胀螺栓，作为挂线铁丝的垂挂点；

(2) 根据室内50线向室外返出外保温层抹灰厚度控制点，而后固定垂直控制线两端；

(3) 每层首先用2m靠尺检查墙面平整度，用2m托线板检查墙面垂直度。偏差超过20mm的，查明原因后，进行墙面找平层厚度调整；

(4) 在距每层顶部100mm处，同时距大墙阴阳角约100mm处，根据大墙角已挂好的钢丝垂直控制线厚度，用界面砂浆粘贴50mm×50mm聚苯板块作为标准贴饼；

(5) 待标准贴饼固定后，在两水平贴饼之间拉通水平控制线。具体做法为：将带小线的小圆钉插入标准贴饼，拉直小线，

使小线控制比标准贴饼略高 1mm，在两饼之间按 1.5mm 间隔水平粘贴若干标准贴饼；

（6）用线坠吊垂直线，在距楼层底部约 100mm、大墙阴阳角 100mm 处粘贴标准贴饼（楼层较高时应两人共同完成）之后按间隔 1.5m 左右沿垂直方向粘贴标准贴饼；

（7）检查贴饼的一致性，垂直方向用 2m 拖线板检查垂直度，并测量灰饼厚度，做记录，计算出超厚部位的工程量；

（8）每层贴饼施工作业完成后，水平方向用 2～5m 小线拉线找方、弹控制线→做饼、冲筋→抹胶粉聚苯颗粒保温浆料→抹第一遍抗裂砂浆→用尼龙胀栓固定热镀锌钢丝网→抹第二遍抗裂砂浆→抗裂防护层验收→外墙粘贴面砖→勾缝→面砖清理→饰面层验收。

9. 钢丝网架聚苯板的平整度误差较大时如何处理？

治理方法：

在现浇混凝土模板内置钢丝网网架聚苯板，如发现浇筑的钢丝网架聚苯板平整度误差比较大，最好的办法是用胶粉聚苯颗粒保温浆料对钢丝网架聚苯板进行找平处理，而不能用普通水泥砂浆或聚合物水泥砂浆进行找平，否则不仅会增加聚苯板面层的荷载，而且整个保温系统还易裂开，进而发生渗水现象影响系统的保温隔热性能。

10. 在岩棉外墙外保温技术中，门窗洞口等特殊部位如何处理？

具体措施：

（1）外墙面门、窗口的侧立面、上口、窗台等特殊部位要注意预留出抹胶粉聚苯颗粒保温浆料层的厚度，以确保上述部位的保温层效果；

（2）门、窗口四角处的保温层上应首先用 300mm×400mm 的网布进行斜向 45°角加强。沿门、窗四周，每边至少应设置三个锚固件，同时用L形网片进行包边；

（3）门、窗口四角应用玻纤维网布包裹增强，包裹网布单边宽度不应小于150mm。

11. 钢筋混凝土外墙阳角处保温板如何留置?

具体措施：外墙阳角处极易扰动，聚苯板尽管带钢丝网架，其强度较钢筋混凝土依然低得多。可采取在角线两侧各留出100mm钢筋混凝土面的做法，而周围临边聚苯板则要附加钢丝网片，并安装牢固，如图22-2所示。

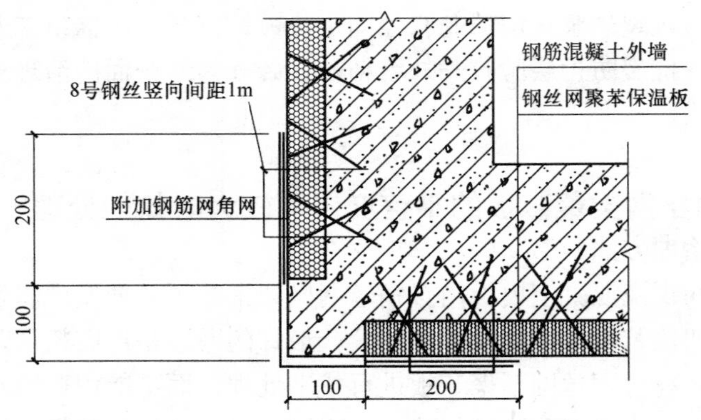

图22-2 外墙阳角处混凝土与保温板位置示意图

12. 外墙内保温系统中预留的线槽、线盒如何处理?

现象：在抹外墙内保温或施作保温阳台时，常遇到一些未安装好的线槽、线盒，抹灰时应注意。

具体措施：

（1）把废聚苯板割成一方块，其长度比线槽盒大3mm左右，厚度与保温层厚度齐平，把其固定在线槽盒上，盖住盒口；

（2）待胶粉聚苯颗粒保温浆料干燥后，取出聚苯板块；

（3）抹抗裂防护层时，玻纤网布应沿线槽盒对角线裁开，在安装线盒时将其压入内壁。

第二十三章　防腐蚀工程

1. 水玻璃硬化过快或过慢，强度不够，性能差怎么办？

现象： 水玻璃材料（包括水玻璃胶泥、水玻璃砂浆、水玻璃混凝土）在施工过程中经8h或更长的时间仍不硬化，或半小时就硬化，来不及操作，试块强度达不到要求。

治理方法： 查找原因，采取相应的补救措施，必要时返工重做。

2. 防腐层空鼓怎么治理？

现象： 用锤敲击表面可听到空响声，严重时表面裂缝或成块脱落。

治理方法： 对于局部小面积空鼓，可划定区域沿边界慢慢凿出防震沟，然后按层次逐层修复。不要用大锤猛击，以免扩大空鼓面。修复后的面层要涂一道水玻璃稀胶泥（配合比为水玻璃：粉料：氟硅酸钠＝1：1：0.15），然后进行养护及表面酸化处理。

3. 表面起皮、起砂怎么治理？

现象： 表面不光滑、起皮，用脚搓动或用硬物滑动就会发生砂粒、骨料脱落现象。

治理方法： 如为小面积起砂、麻面，可将有缺陷的部位剔凿掉，露出坚硬表层后清理干净，刷水玻璃稀胶泥一道，稍干后，补上砂浆或混凝土，捣实、压平，使其结合为整体，再进行养护及表面酸化处理。

4. 表面裂缝怎么治理？

现象：表面龟裂或呈现不规则裂缝，有的连通到底。

治理方法：把裂缝部位凿掉，清理干净，涂一道水玻璃稀胶泥，稍干后，补作砂浆或混凝土防腐层。

5. 铺砌的块材空鼓、翘曲、拱背、裂缝等缺陷怎么治理？

现象一：用锤敲击，有空鼓或不坚实的响声。灰缝中有裂缝，严重的有块材松动或脱落现象。

现象二：块材本身翘曲、拱背，块材之间高低不平，表面平整度误差过大；块材灰缝宽窄不一。

治理方法：对有缺陷的部位，应先去掉块材，剔除胶泥或砂浆，将表面清理干净，刷一道水玻璃稀胶泥，然后把块材补砌好。如块材与基层结合牢固，仅灰缝开裂，可把开裂部位的砂浆剔除，将表面清理干净，刷一道稀胶泥，用砂浆把缝勾严，再进行养护和酸化处理。

第二十四章　加 固 工 程

1. 砌体工程常见裂缝如何加固？

具体措施：

（1）填缝封闭：常用材料有水泥砂浆、树脂砂浆等。这类硬质填缝材料极限拉伸率很低，如砌体裂缝尚未稳定，修补后可能再次开裂；

（2）表面覆盖：对建筑物正常使用无明显影响裂缝，为了美观，可以采用表面覆盖装饰材料，而不封堵裂缝；

（3）加筋锚固：砖墙两面开裂时，需在两侧每隔五皮砖剔凿一道长1m（裂缝两侧各0.5m），深50mm的砖缝，埋入ϕ6钢筋各一根，端部弯直钩并嵌入砖墙竖缝，然后用等强度等级M10的水泥砂浆嵌填密实。施工时要注意：

1）两面不要剔同一条缝，最好隔两皮砖；

2）必须处理好一面，等砂浆有一定强度后再施工另一面；

3）修补前剔开的砖缝要充分浇水湿润，修补后必须浇水养护；

（4）水泥灌浆：有重力灌浆和压力灌浆两种，由于灌浆材料强度都大于砌体强度，因此只要灌浆方法和措施适当，经水泥灌浆修补的砌体强度都能满足要求，而且具有修补质量可靠，价格较低，材料来源广和施工方便等优点；

（5）钢筋水泥夹板墙：墙面裂缝较多且裂缝贯穿墙厚时，常在墙体两面增加钢筋（或小型钢）网，并用穿墙“∽”筋拉结固定后，两面涂抹或喷涂水泥砂浆加固；

（6）外包加固：常用来加固柱，一般有外包角钢和外包混凝土两类。

（7）加钢筋混凝土构造柱：常用作加强内外墙联系或提高墙身的承载能力或刚度；

（8）整体加固：当裂缝较宽且墙身变形明显，或内外墙拉结不良时，仅用封堵或灌浆等措施难以取得理想效果，这时常用加设钢拉杆，甚至设置封闭交圈的钢筋混凝土或钢腰箍的方法进行整体加固；

（9）变换结构类别：当承载力不足导致砌体裂缝时，常采用这种方法处理。常见的做法有将柱承重改为加砌一道墙变为承重墙，或用钢筋混凝土代替砌体等；

（10）将裂缝转为伸缩缝：外墙上出现随环境温度而周期性变化，且尺寸较宽的裂缝时，封堵效果往往不佳，这时可将裂缝边缘修直后，作为伸缩缝处理；

（11）其他方法：若因梁下未设混凝土垫块，导致砌体局部承压强度不足而出现裂缝，可采用后加垫块的方法处理。对裂缝较严重的砌体，有时还可采用局部拆除重砌等。

2. 外贴碳纤维布基面如何处理？

具体措施：

（1）对混凝土粘贴面的劣化层如浮浆、风化层等用砂轮认真打磨；

（2）基面凸出部分磨平，转角部位做倒角处理；

（3）将强度等级较低的和质量较差的混凝土凿掉，用不低于原混凝土强度等级的环氧树脂修补。

3. 纤维布如何清洗？

具体措施：

（1）用钢丝刷刷去表面的松散浮渣；

（2）用压缩空气除去表面粉尘；

（3）用丙酮或无水酒精擦拭表面，可用清水冲洗，但必须待其充分干燥后再进行下道工序。

4. 外贴碳纤维布基面如何涂刷底胶?

具体措施:

（1）按比例将底涂胶（EP-NS）的主剂和硬化剂放入容器内，用低速旋转的方法搅拌均匀，一次调和量应在可使用时间内用完，超过可使用时间绝对不能用；

（2）用滚筒或刷子均匀涂抹；

（3）底涂胶硬化后，表面有凸起部分，用磨光机或砂纸打磨平整；

（4）待底涂胶指触干燥后，进行第二道工序。

5. 碳纤维布粘贴面如何修补?

具体措施: 对粘贴面的凹入部位，用环氧腻子（FE-Z 或 FE-B）修补，以保证粘贴面平整，确保加固效果。待环氧腻子指触干燥后，进入下一道工序。

6. 怎样粘贴碳纤维布?

具体措施:

（1）碳纤维布的下料的长度，在现场根据施工经验和作业空间确定，若需接长，接头的长度根据具体情况而定，一般不低于 15cm；

（2）碳纤维布的下料长度以当天的用量为标准；

（3）粘贴碳纤维布时保证碳纤维布和混凝土面的粘贴密实，以免影响加固效果；

（4）碳纤维布粘贴后，为保证树脂的充分渗浸，应至少放置 30min 以上；

（5）碳纤维布粘贴后，再在碳纤维布的外表面涂刷一层 FR-E3P 树脂；

（6）粘贴2层以上碳纤维布时，重复以上工序。

7. 碳纤维布粘贴后如何养护？

具体措施：为保证到达实际强度，平均气温约10℃时养护2周左右；平均气温约20℃时养护1周左右。

8. 碳纤维布粘贴后如何做表面防护处理？

具体措施：为保证胶的耐久性、耐火性等性能，按设计在表面涂抹防腐层。

9. 粘贴碳纤维布时构件不平整怎么办？

防控措施：

（1）构件粘贴部位的不平整度要求不得大于5mm/m，相邻界面高差要求不大于2mm；否则要打磨平整，至标准要求；

（2）混凝土构件的阳角必须打磨出半径不小于20mm的圆角。

10. 碳纤维用胶粘贴胶不固化怎么预防？

防控措施：

（1）严格把握材料供应关，拒绝不合格的材料进入施工现场；

（2）正式施工前做试验，试验合格后方可批量使用；

（3）施工时设置专人，按使用要求严格按比例配置。

11. 碳纤维粘贴用胶不固化怎么处理？

涂刷以后胶不固化，应及时采取措施进行处理。

具体措施：

（1）认真分析，找出不固化的原因；

（2）根据原因及时调整预防措施；

（3）对出现集中性大面积不固化的部位进行返工。

12. 碳纤维布空鼓怎么办？

防控措施：

（1）认真进行基层处理，确保基层面的平整；

（2）加强操作工人的质量意识，严格遵守施工工艺。

13. 碳纤维布粘贴空鼓怎么处理？

治理方法：

（1）小于 $10000mm^2$ 的部位采用针管注射的方法进行修补；

（2）大于 $10000mm^2$ 的部位及出现集中性大面积空鼓时，进行返工。

第二十五章　室内给排水安装工程

1. 地下埋设管道漏水怎么修？

现象： 管道通水后，地面或墙角处局部返潮、汪水，甚至从孔缝处冒水，严重影响使用。

治理方法： 查看竣工图，弄清管道走向，判断管道漏水位置，挖开地面进行修理，并认真进行管道水压试验。

2. 给水管道穿越沉降缝和伸缩缝怎样处理？

具体措施：

（1）柔性处理：管道的穿越部分采用钢丝编织橡胶软管连接；

（2）刚性处理：将管道穿越部分做成螺丝管件连接的管段，利用螺丝弯管微小的旋动缓解由沉降不均引起的对管道的剪切力。

3. 给水管道的防结露、防冻怎样处理？

具体措施： 对管道进行防冻保温处理即可。

4. 给水管道的防噪声怎样处理？

原因分析： 管道的噪声声源来自水泵的运行，水流速度过大对管壁的冲刷以及阀门、水嘴启闭引起的水击等方面。

防控措施： 减弱和清除这些噪声的措施除了在设计方面采取合理的流速、水泵减震外，在管道安装中主要是用吸声材料隔离管道与其依附的建筑实体面而避免硬接触。如暗装或穿墙管填充矿渣棉、托管架及管卡和管子之间垫橡胶或毛毯，水嘴采用软管连接等。

5. 管道立管甩口不准怎么校正?

现象: 立管甩口不准，不能满足管道继续安装对坐标和标高的要求。

治理方法: 挖开立管甩口周围的地面，使用零件或用煨弯方法修正立管甩口的尺寸。

6. 暖气干管坡度不适当怎么调整?

现象: 暖气干管坡度不均匀或倒坡，导致局部窝风、存水，影响水、汽的正常循环，从而使管道某些部位温度剧降，甚至不热，还会产生水击声响，破坏管道及设备。

治理方法: 剔开管道过墙处并拆除管道支架，调直管道，调整管道过墙洞和支架的标高，使管道坡度适当。

7. 埋设在地下的排水管道渗漏怎么办?

现象: 排水管道渗漏处附近的地面、墙角缝隙部位返潮，埋设在地下室顶板与一层地面夹层内的排水管道渗漏处附近（地下室顶板下部），还会看到渗水现象。

治理方法: 查看竣工图，弄清管道走向和零件连接方法，判定管道渗漏位置，挖开地面进行修理，并认真进行灌水试验。

8. 排水管道堵塞怎么疏通?

现象: 管道通水后，卫生器具排水不通畅。

治理方法: 查看竣工图，打开地平清扫口或立管检查口盖，排除管道堵塞。必要时须破坏管道拐弯处，用更换零件的方法解决管道严重堵塞问题。

9. 蹲坑上水进口处漏水怎么办?

现象: 蹲坑使用后，地面积水，墙壁潮湿，下层顶板和墙壁也往往大面积潮湿和滴水。

治理方法： 轻轻剔开大便器上水进口处地面，检查连接胶皮碗是否完好，损坏者必须更换；如原先使用铁丝绑扎，须换成铜丝，两道错开绑紧。

10. 卫生器具安装不牢固怎么办？

现象： 卫生器具使用松动不稳，甚至引起管道连接零件损坏或漏水，影响正常使用。

治理方法： 凡固定卫生器具的托架和螺丝不牢固者应重新安装。卫生器具与墙面间的较大缝隙要用白水泥砂浆填补饱满。

11. 地漏安装不规范，水封深度不足，怎么办？

表现： 地漏标高控制不准确，地面坡度不符合要求，排水不畅；地漏水封深度不足，有害气体外泄。

防控措施：

（1）施工图纸设计中应明确地漏型号及规格；洗衣机地漏须使用专用地漏或直通式地漏，直通式地漏的支管应增加返水深度不小于 50mm；

（2）施工前应根据基准线标高及地漏所处位置并结合地面坡度要求确定地漏安装标高，保证地漏安装在地面最低处，地漏顶面应低于地面面层 5mm，地漏四周用密封材料封堵严密。水封深度应不小于 50mm；

（3）已安装完毕的地漏应采取有效保护措施防止堵塞，并及时清理地漏周边混凝土，防止地漏篦子无法拆卸。

12. 地漏汇集水效果不好怎么办？

现象： 地漏汇集水效果不好，地面上经常积水。

治理方法： 将地漏周围地面返工重作。

13. 水泥池槽的排水栓或地漏周围漏水怎么修?

现象: 水泥池槽使用时，附近地面经常存水，致使墙壁潮湿，下层顶板渗漏水。

治理方法: 剔开下水口周围的水泥砂浆，重新支模，用水泥砂浆填实。

14. 采暖管道堵塞怎么疏通?

现象: 暖气系统在使用中，管道堵塞或局部堵塞，影响汽或水流量的合理分配，使供热工作不能正常和顺利进行。在寒冷地区，往往还会使系统局部受冻损坏。

治理方法: 首先关闭有关阀门，摘除必要的管段，重点检查管道的拐弯处和阀门是否通畅；针对原因排除管道堵塞。

15. 暖气立管的支管甩口不准怎么办?

现象: 暖气立管甩口不准，造成连接散热器的支管坡度不一致，甚至倒坡；从而又导致散热器窝风，影响正常供热。

治理方法: 拆除立管，修改立管的支管预留口间的长度，如图 25-1 所示。

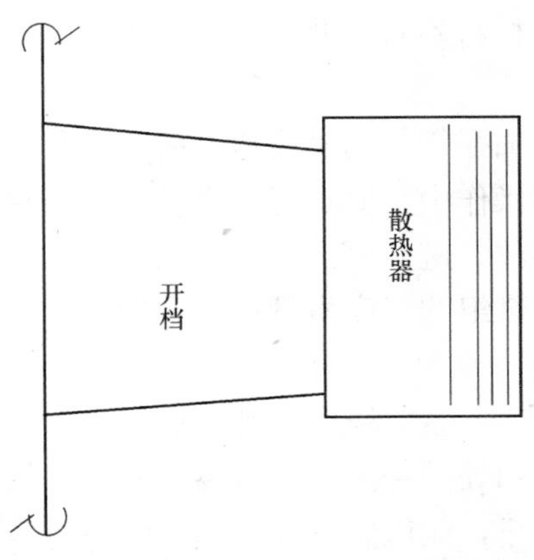

图 25-1　暖气立管的支管开档示意图

16. 采暖干管甩口不准怎么办?

现象：干管的立管甩口距墙尺寸不一致，造成干管与立管的连接支管打斜，立管距墙尺寸也不一致，影响工程质量。

治理方法：使用弯头零件或者修改管道甩口间的长度，调整立管距墙的尺寸。

17. 管道除锈防腐不良怎么办?

现象：管道铁锈、污垢打磨不干净，油漆漏涂，造成防腐不良。

防控措施：

（1）管道进场后，应妥善保管，并采取先集中除锈刷油，后进行预制安装的方法；

（2）认真执行除锈和刷油操作程序。

18. 采暖管道丝扣处和接口处渗漏质量缺陷如何防治?

原因分析：

（1）丝头管件有裂纹、砂眼。

（2）丝扣缺丝和断丝较多，或丝头较多；管道接头拧紧程度不合适。填料的材料不符合规定，添加不均匀或有老化、脱落、缺损等情况。

防治措施：加强管件的材质检查验收工作，具体办法：

（1）在安装操作中，要对每一个管件进行挑选，被挑出的有疵管件应单独存放，避免再次混入使用；

（2）加强对班组的工序质量检查，发现有不合格丝头，绝不勉强使用；

（3）所有管道安装完毕后，都要进行水压试验，试验中要有专人负责检查丝扣处是否渗漏，有渗漏时应先做出记号。并做好纪录，待试验终止，泄压后立即修理，随后再重新加压，直至管道上所有丝扣均不渗不漏。

19. 管道法兰接口处渗漏怎么办?

原因分析:

(1) 法兰面与管子轴线不垂直，两法兰面不平行，法兰间隙不均匀;

(2) 垫片选用不当，质量不好，薄厚不均，有破损、变质、老化等情况;

(3) 螺栓不齐全，螺栓未上紧，上螺栓的顺序不规范，使垫片受积压而不均；法兰与管子焊接时，管子或焊缝伸出了法兰面，使垫片未被压紧；法兰与管子焊接质量不好，有裂纹、夹渣、气孔或未焊透等会造成渗漏的焊接缺陷；管道安装后未进行水压试验或进行水压实验时检查不认真，处理不彻底。

防治措施:

(1) 管道焊接法兰时，必须要求用法兰靠尺进行垂直度检查;

(2) 管道与法兰的焊接必须留够焊缝所需的尺寸，不使管子或焊缝伸出法兰平面；加强法兰垫片材料的检查，不合格的绝不使用；所有管道安装完毕后都要进行水压试验，试验中发现渗漏点应先做出记号、做好记录，待试验终止，泄压后立即修理；随后再重新打压，直至管道上所有法兰均不渗不漏。

20. 管道焊接处渗漏怎么办?

原因分析: 主要是焊接焊缝有缺陷，影响管道连接强度，造成焊口渗漏。

表现: 烧穿、裂纹、夹渣、气孔、未焊接和咬肉等。

防治措施:

(1) 在焊接前，要根据焊接结构件的材质、工作条件、焊接设备、工件尺寸、形状和焊接位置的不同，正确选择焊条的牌号、直径、焊接电流、焊接层数、焊条的角度、运条方式等;

(2) 焊接前，先清除焊件上的污物和油垢，并对焊接坡口尺寸进行检查，合格后再按规范的要求进行对口；

(3) 做好焊接操作区的防风避雨和挡雪设施，当环境温度在0℃以下时，应进行焊接预热，焊接中出现某些焊缝缺陷时，应按规范进行修正。

21. 管道坡度不均和倒坡怎么办?

原因分析:

(1) 土建提供的标高线不准、管道各部位坡度计算有误；

(2) 管道安装程序不对，未安支架先上管子，在设支架时使管子改变了标高；

(3) 管子在安装前未进行调直或未调直好；

(4) 支架位置设置不合适，管道附件附近没有支架，管道被附件重量压弯；

(5) 管子下料时未按与管道相连的设备甩口位置实测实量，立管下料不准，迫使支管无坡或倒坡；

(6) 焊接管子对口不准，错口过大；

(7) 过墙的洞口标高不符合要求，限制管道正常敷设；

(8) 管道的变径件形式选择不当；

(9) 安装干管后在开口焊支管或加热调整弯管角度时，管道受热不均而塌腰。

防治措施:

(1) 认真验收土建的50线，确保标高位置正确；

(2) 按安装程序组织施工：先按施工图计算坡度（包括管道各控制点的标高值、变径管件的形式、支架的设计位置等），按标高放线，安装支架，并调直管子，实测实量后绘制安装草图，按草图进行管子下料加工（包括焊接三通支管接管），安装管子，检查安装坡度并调整之；

(3) 认真进行工序的质量检查，对过墙孔洞的标高、焊接的对口、支架的设置等都应有工序检查，不合格的不得进入下一道工序施工；

（4）立管下料时除了依据施工草图，还要实测实量已有的土建地面上散热器安装后的接管位置，考虑支管坡度后确定立管的应有长度。

22. 散热器背面与装饰后的墙内表面安装距离有何要求？

散热器背面与装饰后的墙内表面安装距离应符合设计或产品说明书要求，如无要求时，应为 30mm，且距窗台不应小于 50mm；距地面高度设计无要求时，挂装应为 150～200mm，卫生间散热器底部距地不小于 200mm，散热器排气阀的排气孔应向外斜 45°安装。

23. 铸铁散热器漏水怎么办？

现象：暖气系统在使用期间，散热器接口处或有砂眼处渗漏，甚至吱水，影响使用。

治理方法：用炉片钥匙继续紧炉片连接箍，或更换坏炉片和炉片连接箍。

24. 铸铁散热器接口处松动怎么办？

现象：散热器安装后，接口处松动、漏水。

防控措施：

（1）按规定重新安装散热器或其勾卡栽墙深度不得小于 12cm，堵洞应严实，勾卡的数量应符合规范规定；

（2）落地安装的散热器的腿均应落实，加垫不得使用木垫，必须用铅垫。腿短的散热器应予更换或妥善处理。

治理方法：按规定重新安装散热器或其勾卡。

25. 散热器安装不稳固怎么办？

原因分析：支架、托钩的形状与散热器不匹配，缝隙过大。托钩栽入墙体太浅，栽托钩时未找正、土建施工的地面不平，使散热器的腿不能落实。

防控措施：

（1）支、托架安装前要和散热器比试合适，不合适的不要勉强安装；

（2）往砖墙上栽托钩时，一定要按规定操作，清理杂物、浇水、填水泥砂浆并捣实之。用时要按给定的安装线找平、找正托钩的位置；当发现土建的地面不平影响散热器的稳固时，应采用铅片在散热器腿下垫平；技术管理人员应确实掌握安装散热器的墙体构造，当需要在轻质墙上安装散热器时，应针对具体情况作出安装方案，不可盲目安装。

26. 散热器的安装尺寸偏差过大怎么纠正?

原因：托钩栽入墙体的尺寸不合适；散热器定位不准；组对散热器时未拉通线，检查散热器全长的弯曲程度；散热器安装时未按质量标准进行必要的检查和调整。

防控措施：

（1）散热器安装的定位线应有专人复查；

（2）托钩栽入墙体的尺寸应有明确的交底，应在土建抹底灰以后先栽一处托钩，并用散热器比试，不合适的要调整，合适后定为样板尺寸，以后照此栽钩；安装过程中必须对每一道工序进行检查，发现问题立即调整处理。

27. 阀门漏水怎么堵?

原因分析：阀门的阀杆弯曲变形或腐蚀生锈，使填料与阀杆接触不严漏水；阀门的填料装填方法不对，与上压盖方向相反，填料压不实而漏水；填料老化，进料时未发现或未及时更换；阀门进场未检查出阀体或阀盖有裂纹；阀门与管道不同轴，在丝扣或法兰处“拧劲”，造成阀门接头漏水。

防治措施：

（1）阀门进场必须按规定进行外观检查和水压试验。不合格的阀门不可勉强安装；

（2）发现阀门填料处有渗漏时，要及时进行拆卸检查，阀杆弯曲者应退货，填料不合适的要更换；

（3）填料要填够，压盖要压紧；但在压紧填料时要同时转动阀杆，检查填料压紧阀杆的程度，以保证阀杆转动灵活；要用填缝料顺时针方向缠绕阀杆，然后拧紧阀门压盖；

（4）大型阀门应用填缝料，预先切成填料圈，将圈分层压入，各层的接头处应错开 180°，安装大型阀门前应预先设好支架，以免阀门重量造成管道接头漏水。

28. 阀门关闭不严怎么办？

原因分析：密封面损伤或轻度腐蚀；操作不当，关闭时密封面接触不好；阀杆弯曲，上下密封面不对中心；渣滓堵住阀芯。

防治方法：

（1）坚持阀门进场时进行水压试验，包括强度试验和严密性试验要仔细检查，试验不合格的阀门不用；

（2）在查阀杆的密封面时，必要时要进行研磨。经过检查、修理、研磨和再试压，可以克服关闭不严的毛病，允许继续使用；属于阀门生产厂的产品质量问题则应退货更换；

（3）阀门密封面的缺陷包括：撞痕、刀痕、压伤、不平、凹痕等，当其深度小于 0.05mm 时可用研磨消除；深度大于 0.05mm 时，应先在车床上加工，然后再研磨，不允许用锉刀或砂纸打磨修理；

（4）管道安装后进行冲洗时，应将调节阀、恒温阀、减压阀芯、节流孔板、过滤网等已造成堵塞的阀件拆除，待冲洗合格后再装上。管道冲洗的方向要正确，避免杂物卡堵在管道内通水后堵塞阀门。

29. 阀门不通水怎么办？

原因分析：阀板掉下或提不上来，造成阀门不过水。

防治方法：在阀门进场检查时，要反复旋拧手轮，在检查阀杆旋启灵活程度的同时手感阀板的提升情况，当发现可能松扣时，要解体检查并修复，不可将未经过检查的阀门直接安装。

30. 散热器垫片不符合要求怎么办?

原因分析：材料计划中未注明材质要求，垫片进料、进场时质检不严；垫片制作尺寸不正确；套放垫片时用力不均匀，未放正。

防控措施：把好进料关，特别要注意材质、厚薄及其均匀程度；制作加工后要检查，使用前要选择，合适的才使用；安装前做好技术交底。

31. 采暖自动排气阀排气排不尽怎么办?

原因分析：自动排气阀未安装在最高点上，管道内的空气排不尽；自动排气阀未经调整就安装，阀内空气未排尽时，浮动装置已将排气口封堵住，使管道内空气排不尽。

防控措施：管道安装前，必须先校对管道上的各种规格尺寸，再按管道坡度要求安排管道的安装标高，要将自动排气阀安装在最高点上；自动排气阀安装前应进行试验调整，使排气阀的排气口在排尽管道内空气时能被水封闭住。

32. 自动排气阀常流水怎么办?

原因分析：管道系统未进行必要的冲洗或冲洗不彻底，管道内的渣滓、污垢跑到自动排气阀内阻碍了浮动装置的动作，使排气口无法关闭；排气阀在安装后未进行安装调节；自动排气阀未按要求垂直安装，使得阀内的浮动装置动作受阻。

防控措施：自动排气阀必须在管道上垂直安装；自动排气阀正式安装前应逐个进行检查，调整其浮动装置并进行顶水试验（即用自来水顶水，试验自动排气阀关闭的严密程度）；调整后的自动排气阀必须参与管道的水压试验；管道冲洗应有方案，冲洗的方向必须预先设计好，避免排气阀受阻。

33. 自动排气阀排不出空气怎么办?

原因分析：排气口被堵；浮动装置被粘或被卡住。

防控措施：为便于修理和清洗排气阀，尽量在采暖干管与自动排气阀间加设启闭阀；清洗或调整自动排气阀。

34. 压力表的测量范围不符合要求怎么办?

原因分析：设计单位未给定压力表规格；安装单位的技术人员未按将工作压力作为压力表中段量程的原则来选择压力表。

防控措施：审图时搞清设计要求；将工作压力作为压力表中段量程来确定压力表的全量程，并以此选定压力表的规格。

35. 压力表安装不平直怎么办?

原因分析：安装压力表的管箍与管道焊接时未调整垂直。

防控措施：认真安装压力表的管箍，需要时应先进行预安装，电焊定位校正后再焊接。

36. 压力表旋塞长流水或滴水怎么修?

原因分析：填料不够，未调整紧固螺丝；压力表未参与系统试压。

防控措施：调整紧固螺丝，再滴水更换填料；压力表必须参与采暖系统试压。

37. 交工前压力表的玻璃球面被打破怎么办?

原因分析：未注意对安装好的仪表进行成品保护。

防控措施：管道系统水压试验合格后，先卸下压力表，到临交工前，再装上压力表；不要将压力表装在常有人经过的地方；当必须将压力表装在常有人经过的地方时，应设置保护挡架。

第二十六章　室内电气工程

1. 管廊水、电、消防多管道的位置如何布局?

具体措施:

(1) 管廊是各专业管线密布的地方，由于各专业在布置自己的管线时多强调自己，忽略了其他专业的布局，且相互之间沟通少，配合不密切，故而在位置安排上相互冲突，排列无序，显得很杂乱。这时往往需要总承包单位对不同专业的管线进行综合布局，既要满足各专业的需要，又要达到统一整齐;

(2) 按照“小管让大管”、“有压让无压”的原则大管居管廊顶部或居中，小管、支管占次要位置，在大管的下部要充分利用管廊的空间，分出层次;

(3) 管廊内各管道的支吊架设置也应全盘考虑，能合并的最好合并，不能合并的各占各的位，以免显得杂乱无序;

(4) 各专业施工时，要按照规定好的标准走向、位置、顺序施工，使管廊安排成行、成列，合理有序。　(郭鑫瑞)

2. 墙体预留孔洞及管线如何合理布置?

情况说明: 安装上、下水管、电线管大多要求采用暗配、暗敷的方法，在施工前须将暗配管、线盒位置按图纸要求预留好，避免墙体砌成后二次剔凿。为使预留位置准确、合理，应采取相应措施。

具体措施:

(1) 由于管线是在主体施工时从楼板内暗配完成的，所以一定要在绑扎各层楼板钢筋时就将各条轴线放出，为管线配置提供准确的依据;

(2) 在砌筑墙体时，要认真检查结构主体上预留的管线位置是否符合图纸设计及施工规范要求，若有不符，则应进一步找准管线在墙内的位置。一般线盒厚度为70～75mm，除去20mm的抹灰量，卧入墙体内不得小于50mm，定准后可采用焊接或绑扎的方式将其固定，避免因施工撞碰而导致线管错位。

（3）几种特殊情况的处理办法：

1）若在同一位置处加设了几个单联开关，可考虑将若干个单联开关合并成一个多联开关，使线路只走一个线管。这样，施工既方便，墙面又美观；

2）若在同一标高上，墙体两侧有两个暗装配电箱，也可考虑将两个配电箱壳合并成一个，但必须考虑墙体的厚度，以便及时与生产配电箱的厂家沟通，减薄或加厚配电箱，从而保证箱体与墙体的抹灰吻合；

3）除第一、第二种情况外，还要在验收时将线管暗敷、暗配位置、标高作为一项重点验收内容，检查线管配置的位置是否符合要求，不同专业之间的线管有无交叉、冲突现象。

3. 怎样预防室内吊顶打孔破坏线管？

情况说明：在许多建筑的施工过程中，需待主体工程完工后，再在室内进行吊顶及管道、设备安装施工，这些项目大都需要在现浇楼板顶上用电锤钻孔，以固定各种吊杆、吊架，因钻孔而破坏现浇楼板内预埋的各种电气线管，导致穿线管路不畅或报废的事故时常出现，必须预防室内吊顶打孔破坏线管。

防控措施：在需打孔做吊顶的现浇楼板施工时，钢筋绑扎和电气配管完毕后，浇筑混凝土之前，在模板上沿线管走向的钢筋网格内，用红色或黑色油漆画出断节线（注意：油漆不可污染钢筋），线条宽度为10mm，待油漆未干透时浇筑楼板混凝土。这样，待混凝土浇筑完并拆模后，画在模板上的断节线就会很清晰地印在混凝土楼板底部，这就是暗配电线管走向的位置线。在安装吊顶附件时，禁止在线管10cm范围内钻孔打眼。

（郭鑫瑞）

4. 已被破坏的楼板线管如何修复？

治理方法：当预埋在楼板内的照明、插座敷线管，在分包单位安装风管钻孔时不慎被打断，无法再用以穿线时。应原位修复连接。

具体方法：

（1）将已安装好的通风管拆除，编号存放，以便再次安装使用；

（2）在圆孔中绕圆圈内壁凿沟槽，沟槽宽 25mm 深 60～80mm；

（3）在沟槽内敷管与原管连接，连接方式为粘接；

（4）用钢钉紧贴线管钉入混凝土层，将线管卡紧，然后用水泥砂浆填堵缝隙；

（5）穿钢丝再引电线穿入。

（郭鑫瑞）

5. 卫生间局部等电位联结做法不规范怎么办？

表现：等电位联结做法不正确或局部漏做，不能起到等电位保护作用。

防控措施：

（1）设计单位应明确住宅卫生间局部等电位联结所选用的标准图集；

（2）楼板内钢筋网应与等电位联结线连通，墙体为混凝土墙时，墙内钢筋网宜与等电位联结连通；

（3）卫生间、浴室内无 PE 线，浴室内的局部等电位联结不得与浴室外的 PE 线相连；如浴室内有 PE 线，浴室内的局部等电位联结必须与该 PE 线相连；

（4）等电位联结线应采用截面积不小于 $4mm^2$ 的铜芯软导线，导线压接应采用接线端子并搪锡处理，压接螺丝应为热镀锌材料，弹簧垫圈、平垫圈应齐全，并压接牢固；

（5）等电位箱内端子板材质及规格应满足设计要求，表面应进行搪锡处理；

（6）卫生间等局部等电位联结施工完成后，应全数做导通测试并形成记录。

6. 金属管道安装中的缺陷如何治理？

缺陷：锯管管口不齐，套丝乱扣；管口插入箱、盒内的长度不一致；管口有毛刺；弯曲半径太小，有扁、凹、裂现象；楼板面上焦渣层内敷设管路时，水泥砂浆保护或垫层素混凝土太薄，造成地面顺管路裂缝。

治理方法：

（1）管口不齐用板锉锉平，套丝乱扣应锯掉重套；

（2）弯曲半径太小，有扁、凹、裂现象，应换管重做；

（3）管口入箱、盒长度不一致，应用锯锯齐；

（4）顺管路较大的裂缝，应凿去地面龟裂部分，用高标号水泥砂浆补牢，地面抹平。

7. 金属线管保护地线和防腐中的缺陷如何治理？

缺陷：

（1）金属线管保护地线截面不够，焊接面太小，达不到标准；

（2）煨弯及焊接处刷防腐油有遗漏，焦渣层内敷管未用水泥砂浆保护，土层内敷管混凝土保护层做得不彻底。

治理方法：

（1）发现接地线截面积不够大，应按规定重焊；

（2）线管煨弯及焊接处发现漏刷防腐油时，应用沥青油补刷两道；

（3）发现土层内线管无保护层者，应浇筑 C10 混凝土作为保护层。

8. 配电箱、盒安装中的缺陷如何治理?

缺陷: 箱、盒安装标高不一致;箱、盒开孔不整齐;箱、盒口抹灰缺阳角;现浇混凝土墙内箱、盒位移;安装电器后箱、盒内脏物未清除。

治理方法:

(1) 箱、盒高度不一致,加装调接板后仍超过允许限度时,应剔凿箱、盒,将高度调到一致;

(2) 箱、盒口边抹灰不齐,应用强度等级高的水泥砂浆修补整齐;

(3) 安装电器后将箱、盒内脏物清除干净。

9. 管内穿线中的缺陷如何治理?

缺陷:

(1) 先穿线后戴护口,或者根本不戴护口;导线背扣或死扣,损伤绝缘层;

(2) 相线未进开关(电门),且未接在螺口灯头的舌簧上;

(3) 穿线过程中弄脏已经油漆、粉刷好的墙面和顶板(棚)。

治理方法:

(1) 穿线后发现漏戴护口的,应全部补齐;

(2) 相线如未进开关与螺口灯头的舌簧接上,应返工重新接线试灯,做到完全一致;

(3) 穿线时弄脏油漆墙面和已粉刷好的墙顶,可用小片的可用0号砂纸轻轻打磨一下,面积较大时,应让油工修补好。

10. 瓷夹板明配线中的缺陷如何治理?

缺陷: 瓷夹板粘结不牢固,配线绷不紧,横平竖直误差大,瓷夹板间距不均匀,距离圆木不一致,而且不成直线。

治理方法:

(1) 瓷(塑)夹板因粘结不牢而掉落,应凿毛楼板粘结表面，用环氧树脂、聚酰胺树脂复合粘料重新粘合；

（2）瓷夹板档距不均超过允许限度时，应重新分均档距，凿设支持点。

11. 导线连接中的缺陷如何治理？

缺陷：剥除绝缘层时损伤芯线，焊接头时焊料不饱满，接头不牢固；铜、铝线连接时未做过滤处理，多股导线连接设备、器具时未用接线端子，压头时不满圈，不用弹簧垫圈，造成压接点松动。

治理方法：

（1）导线芯线被削伤，应将已削伤的线头剪掉一段，重新削头、接头；

（2）导线接头接触电阻超过限度时，应再增加接触面或重新接头测定。

12. 自在球吊线灯安装中的缺陷如何治理？

缺陷：吊盒内保险扣太小不起作用。灯口内的保险扣余线太长，使导线受挤压变形。吊盒与圆木不对中，灯位在房间内不对中。软线涮锡不饱满，灯口距地太低，竣工时灯具被刷浆沾污。

治理方法：

（1）吊盒内保险扣从眼孔掉下，应重新换大保险扣再安装；

（2）吊盒不在圆木中心，返工重新安装。

13. 吊式日（荧）光灯群安装中的缺陷如何治理？

缺陷：

（1）成排、成行的灯具不整齐，高度不一致，吊线（链）上下档距不一致，出现梯形；

（2）距地在 2.5m 以下的日光灯的金属外壳不做保护接地（零）；

（3）灯具喷漆被破坏，外观不整洁。

治理方法：

（1）灯具不成行，高度、档距不一致超过允许限度时，应用调节板调整；

（2）2.5m 以下的金属灯具没有保护接地（零）线时，应一律用 2.5mm^2 的软铜线连接保护地线。

14. 花灯及组合式灯具安装中的缺陷如何治理？

缺陷：花灯金属外壳带电；花灯不牢固甚至掉下；灯位不在分格中心或不对称；吊灯法兰盖不注孔洞，严重影响了厅堂整齐美观。在木结构吊顶板下安装组合式吸顶灯，防火处理不认真，有烧焦木顶棚的现象，甚至着火。

治理方法：

（1）金属灯具外壳未接保护地线而引起的外壳带电，必须重新连接良好的保护接地（零）线；

（2）花灯因吊钩腐蚀而掉下，必须凿出结构钢筋，用不小于 ϕ12 的镀锌圆钢重新做吊钩挂于结构主筋上；

（3）分格吊顶高级装饰的花灯位置开孔过大，灯位不中，应换分格板，调整灯位，重新开孔装灯。

15. 开关插座安装中的缺陷如何治理？

缺陷：金属盒子生锈腐蚀，插座盒内不干净有灰渣，盒子口抹灰不整齐。安装圆木或上盖板后，四周墙面仍有损坏残缺，特别影响外观质量。暗开关、插座芯安装不牢固，安装好的暗开关板、插座盖板被刷浆弄脏。

治理方法：

（1）开关、插座装好后，抽查发现盒内有灰渣、生锈腐蚀情况的，应普遍卸下盖板，彻底清扫盒子，补刷防锈漆二道；

（2）开关、插座安装不牢固，应拆下重新垫弹簧弓子安装牢固。

16. 配电箱、板安装中的缺陷如何治理？

缺陷：箱体不方正，贴脸和门扇变形，贴脸门和木箱深浅不一；明闸板（盘）木质太次，距地高度不一致；铁箱盘面接地位置不明显；预留墙洞抹水泥浆不规整；在240砖墙或160混凝土墙内暗装配电箱，墙背面普遍裂缝。

治理方法：

（1）木质配电箱缩进墙体太深，应用同样厚的木板条钉在木箱帮上，使箱体口与灰面一平；

（2）配电箱背面已经出现裂缝，应将龟裂的抹灰层凿去，重新钉钢丝网，以高标号水泥砂浆填补，混合浆罩面抹平；

（3）配电箱背面堵抹太厚时，重新钉钢筋网片，用细石混凝土浆填补，混合水泥砂浆罩面抹平。

17. 闸具电器安装中的缺陷如何治理？

缺陷：闸具排列不整齐，安装不牢固，瓷质闸具的铜接线柱松动，有的导线孔堵塞，压线不牢固，DZ10空气开关和多股铝导线压头，误用开口铜接线端子；瓷闸盒装在暗配电箱内，安装保险丝较困难；分支零线未用分支端子板连接。

治理方法：

（1）瓷闸盒已经装在过小的配电箱内，无法用工具装保险丝，可改用两线胶盖闸；

（2）配电箱内发现零线用并头连接（鸡爪线）分支的，应改用端子板。

18. 开关柜安装中的缺陷如何治理？

缺陷：安装运输中，开关柜普遍碰坏漆皮。由于基础槽钢做法不统一，柜与柜并立安装时，拼缝不平不正。柜与柜之间的外接线编号，不按照标准接线图编号。

治理方法：

（1）低压开关柜出现掉漆划痕，应按喷漆工艺重新修补；

（2）并立安装柜出现不平整，应用薄钢板片垫整齐，水平尺找平。

19. 铜母带安装中的缺陷如何治理？

缺陷：母带和设备搭接不严密，瓷瓶支持点间距不一致；接头缝隙超过规定，未做接触电阻测定；相序、相色涂得不严格、不彻底；二次线的线头护套、接线端子、熔断器型号规格都不统一。

治理方法：

（1）铜母带压接头未做处理的应卸下，搪锡处理后重新压接；

（2）接头未作接触电阻测试记录的，应一律采用双臂电桥测定，并做好记录；

（3）相色未刷或未刷齐者，应一律按规定的相色补刷齐全。

20. 灯头盒位移、堵塞，电线管不通怎么办？

现象：

（1）大楼内均敷设有供安装照明或其他信号用的灯头盒 $\phi14$ 暗管；

（2）灯头盒内堵满凝固的砂浆或扣底翻转；灯头盒位移超过设计尺寸 50mm，影响使用功能；

（3）电线管内进入砂浆或出现死弯，使管径减小或堵塞，影响安装穿线。

原因分析：

（1）灯头盒固定不牢，浇灌振捣混凝土时被挤压移位甚至翻倒，流入砂浆而堵塞；

（2）灯头盒和电线管封闭措施不当，流入砂浆而堵塞；

（3）软塑料质量差，高温养护后有的软化变形，造成线管封闭；

（4）电线管固定绑扎不当，使软塑料管出现折角或死结。

防控措施：

（1）安放灯头盒时，用长度为450mm的ϕ5钢丝一根，压在盒的顶部，两端与主筋绑牢；

（2）灯头盒内塞满用水浸泡过的湿纸，防止水泥砂浆流入，待穿线时再取出。生产过程中要认真检查，发现有翻倒的灯头盒要立即整修完好；

（3）通过灯头盒的线管作法，留于盒内的部分，将端头弯折，再用小钉穿过，也可用火烧丝绑紧，防止浇灌振捣混凝土时被拉出。凡是甩在板体外的部分，其外留长度应大于100mm，相互之间绑起，并与主筋间断绑扎，以保证线管的位置。切勿使软塑料线管发生压缩变形或死折角，以免给穿线造成困难。

21. 如何避免预留孔洞质量缺陷？

缺陷：

（1）预留孔洞规格尺寸不准或窜角、变形。

（2）预留孔洞中心位移超过规定。

原因分析：

（1）孔洞模具结构不牢、尺寸不准以及混凝土的接触面粗糙等；

（2）模具在使用中缺乏认真维护和保养，造成模具损伤变形；

（3）固定模具的措施不妥，浇灌振捣混凝土时未检查校正，导致模具变形或移位。

防控措施：

（1）采用钢制整体模具，其接触底模的下口按图标设计尺寸，上口比下口大15～20mm，模具高度比板厚20～25mm，模具平面各角做成圆弧状，与混凝土直接接触的各个面，要平整光滑，模具侧面要按照双向筋最小间距和最大保护层厚度尺寸留出槽口，以使下口与底模严密接触，保证孔洞的位置；

（2）为了确保模具位置准确，用 $\phi5$ 钢丝或 $\phi6$ 钢筋，按模具下口尺寸和形状弯曲成型，根据预留孔洞中心位置，焊于大楼板底模上，作为定位基础；安装模具时，模具侧面槽口横跨双向筋，模具下口套于定位基础上，生产时加强检查校正，以保证孔洞位置准确；

（3）模具表面涂刷隔离层，加强维护保养，做到轻拿轻放和经常检修。

主要参考文献

［1］ 孟文清，史三元．建筑工程质量通病分析与防治．郑州：黄河水利出版社，2005.

［2］ 彭圣洁．建筑工程质量通病防治手册．第3版．北京：中国建筑工业出版社，2002.

［3］ 江正荣．建筑分项施工工艺标准手册．第3版．北京：中国建筑工业出版社，2012.

［4］ 崔东方，赵肖丹．装饰工程施工：技能型紧缺人才培养培训系列教材．北京：高等教育出版社，2007.

［5］ 赵肖丹．木作装饰与安装：建筑装饰专业．北京：中国建筑工业出版社，2006.

［6］ 曹文．墙面装饰构造与施工工艺．北京：高等教育出版社，2005.

［7］ 崔东方．地面装饰构造与施工工艺：建筑装饰专业．北京：中国建筑工业出版社，2007.

［8］ 沈忠于．吊顶装饰构造与施工工艺：建设行业技能型紧缺人才培养培训工程系列教材．北京：机械工业出版社，2006.

［9］ 陈永．饰面涂裱：建设行业技能型紧缺人才培养培训工程系列教材．北京：机械工业出版社，2007.

［10］ 赵清江．防水工程施工：技能型紧缺人才培养培训系列教材．北京：高等教育出版社，2007.

［11］ 梅全亭等．实用房屋维修技术手册：实用建筑工程系列手册，第2版．北京：中国建筑工业出版社，2004.

编后感言

书稿脱手后，掩卷沉思，虽有几分欣慰，但仍有几分忐忑不安。梳理原因不外乎如下几个方面：

一是所选条目数百，难免存在鱼龙混杂现象。只因这些条目大多已被我用于施工实践和教学多年，敝帚自珍，不忍心“割爱”，故而保留了下来。只要读者能从数百条中“取一瓢饮”我便足矣。

二是治理工程质量通病又同几分医理，即同病同方者有之，同病不同方者有之，同方不同病者亦有之。个中原因或许有“天时地利”等因素，其不确定性很多。因此，在实际工作中还需因时、因地制宜，以实事求是，对症下药的态度加以运用，力求取得手到病除、治愈如初的效果。

三是务必精心操作，一丝不苟。切忌敷衍塞责，草率从事。大凡质量通病均是因没有按照标准工艺施工所致。倘若在治理通病时仍然不认真按既定方案操作，事必会治而不愈，或久治不愈，形成后患；在实际工作中，还往往认为是“药方”有误，其实只是在态度上不用心、操作上不严谨所致。

四是治理质量通病的方法技巧，还需在新的实践中得到充实、丰富、创新以及提高。通病是伴随着工程建设而产生的，只要工程在建，质量通病就会存在。工程的优良程度是在建设中不断发展、提高的，随之而产生的质量通病也会较之前有所不同，这还需我们在新的施工环境和条件下，将原有的经验、手段不断给予完善、改进、提高，对于新的方法、技巧还需及时地加以整理、总结、推广，以便我们共同提高治理水平，提升工程质量品质。

工程质量乃百年大计，预防和治理质量通病任重而道远。我愿与同行们共同努力，认真践行“预防为主、质量第一”的方针，不断总结新经验，创造新技巧，解决新问题。我感到，在预防和治理工程质量通病的工作中，若能充分发挥我等技术人员的聪明才智，将是一件很有意义的事情，为此而努力我深感欣慰！